U0160882

2020年重庆市建筑绿色化发展年度报告

重庆市绿色建筑与建筑产业化协会绿色建筑专业委员会
重庆大学绿色建筑与人居环境营造教育部国际合作联合实验室
重庆大学国家级低碳绿色建筑国际联合研究中心   主编
重庆市建设技术发展中心

科学出版社
北　京

内 容 简 介

本书详细总结了2020年重庆市绿色建筑发展情况，分析了重庆市绿色建筑整体情况、技术咨询能力和项目技术增量、绿色建筑技术应用体系，整理了中国城市科学研究会绿色建筑与节能委员会建筑室内环境学组的建设和发展、绿色建材工作的发展状况，梳理了重庆市绿色建筑与建筑产业化协会绿色建筑专业委员会十年的发展历程，对重庆市公共建筑自然通风设计、重庆市公共建筑节能改造核定常见问题、居住建筑室内环境现状、自然通风在绿色建筑设计中的应用、自然通风在民用建筑中的应用进行了系统性研究分析。

本书是对重庆市建筑绿色化发展的阶段性总结，可供城乡建设领域及从事绿色建筑技术研究、设计、施工、咨询等领域的相关人员参考。

图书在版编目(CIP)数据

2020年重庆市建筑绿色化发展年度报告 / 重庆市绿色建筑与建筑产业化协会绿色建筑专业委员会等主编. —北京：科学出版社，2021.4
ISBN 978-7-03-068595-7

Ⅰ.①2… Ⅱ.①重… Ⅲ.①生态建筑–研究报告–重庆–2020 Ⅳ.①TU-023

中国版本图书馆 CIP 数据核字 (2021) 第 064832 号

责任编辑：华宗琪 / 责任校对：彭 映
责任印制：罗 科 / 封面设计：义和文创

科 学 出 版 社 出版

北京东黄城根北街16号
邮政编码：100717
http://www.sciencep.com

四川煤田地质制图印刷厂印刷

科学出版社发行 各地新华书店经销

*

2021 年 4 月第 一 版 开本：787×1092 1/16
2021 年 4 月第一次印刷 印张：7 3/4
字数：184 000
定价：79.00 元
(如有印装质量问题，我社负责调换)

编 委 会

主编单位 重庆市绿色建筑与建筑产业化协会绿色建筑专业委员会

重庆大学绿色建筑与人居环境营造教育部国际合作联合实验室

重庆大学国家级低碳绿色建筑国际联合研究中心

重庆市建设技术发展中心

参编单位 重庆市绿色建筑与建筑产业化协会

重庆市设计院有限公司

重庆交通大学建筑与城市规划学院

主 编 丁 勇

编委会主任 董 勇

副 主 任 李百战 龚 毅

编委会成员 曹 勇 赵 辉 王永超 谢自强 张京街 谭 平

张红川 石小波 丁小猷 周铁军 陈怡宏 陈 遥

何 昀 何 丹 赵本坤 叶 强 杨修明

编写组成员 刘 红 高亚锋 喻 伟 翁庙成 胡玉婷 何伟豪

曾雪花 董莉莉 刘亚南 龚皓玥 高 铭 陈 琼

刘 浩 黄 遥 邓 骏 凡秋明 龙丽莉 王华夏

张严齐 冷艳锋 吴俊楠 李 丰 田 霞 陈进东

周雪芹 王 玉 胡文端

前　言

《2020 年重庆市建筑绿色化发展年度报告》是重庆市绿色建筑与建筑产业化协会绿色建筑专业委员会针对重庆市 2020 年建筑绿色发展领域的主要工作开展情况，汇集业内主要单位编写完成的集工作总结和技术报告于一体的行业年度发展报告。

2020 年，重庆市住房和城乡建设委员会在推进城乡建设领域绿色建筑高品质、高质量发展方面开展了一系列卓有成效的工作，推动了绿色建筑相关技术标准体系的更新完善，进一步加强了绿色建筑发展的规范性建设。重庆市围绕生态优先绿色发展要求，组织部署建筑节能、绿色建筑发展目标，在建筑节能、绿色建筑、既有建筑改造、可再生能源建筑应用、绿色建材、建筑产业化发展等方向不断创新发展，圆满完成了年度各项工作计划，实现了绿色建筑的量质齐升发展目标。

为了充分总结行业发展经验，2020 年的重庆市建筑绿色化发展年度报告中，涵盖了重庆市绿色建筑与建筑产业化协会绿色建筑专业委员会的年度工作总结、重庆市绿色建筑年度发展情况、技术咨询能力和项目技术增量、绿色建筑技术应用体系、中国城市科学研究会绿色建筑与节能委员会建筑室内环境学组的建设和发展、绿色建材工作的发展状况、重庆市绿色建筑与建筑产业化协会绿色建筑专业委员会十年的发展历程，并针对重庆市公共建筑自然通风设计、重庆市公共建筑节能改造核定常见问题、居住建筑室内环境现状、自然通风在绿色建筑设计中的应用、自然通风在民用建筑中的应用进行了分析总结。

重庆市绿色建筑与建筑产业化协会绿色建筑专业委员会

2021 年 2 月

目　录

总　结　篇

技 术 篇

|总 结 篇|

第1章 重庆市绿色建筑与建筑产业化协会绿色建筑专业委员会 2020 年度工作总结

2020 年，重庆市绿色建筑行业建设主要围绕发挥科研创新引领、推动技术标准完善、带动绿色建筑高品质发展、促进绿色建筑评价体系更新等方面开展了卓有成效的工作，进一步促进了重庆市绿色建筑行业的积极蓬勃发展，为中国建筑业绿色化发展提供了技术支撑和行业服务。

1.1 重庆市绿色建筑专业委员会建设

1.1.1 重庆市绿色建筑专业委员会总体建设情况

自 2010 年 12 月重庆市绿色建筑与建筑产业化协会绿色建筑专业委员会成立至今已十周年，自成立之日起专委会坚持政府引导、市场运作、因地制宜、技术支撑的原则，为大力发展绿色建筑，探索一条适合重庆实际的绿色建筑与评价道路，提升重庆建设品质、建设宜居重庆提供支撑而努力。2020 年，重庆市绿色建筑与建筑产业化协会绿色建筑专业委员会已拥有 27 家团体会员，逐渐形成了汇聚一方行业领军企业、引领一方绿色建筑发展的态势。

根据重庆市绿色建筑与建筑产业化协会绿色建筑专业委员会的发展需要，为进一步加强行业学会联系，更全面地整合资源，加快形成全民大力推进绿色建筑的局面，2020 年，重庆市绿色建筑与建筑产业化协会绿色建筑专业委员会进一步加强发展实力，整合了行业、学会力量，为重庆市绿色建筑的大踏步发展奠定了坚实的基础。

2020 年，重庆市绿色建筑与建筑产业化协会绿色建筑专业委员会组织建设的"重庆市绿色建筑与建筑产业化协会"微信公众号，全年共推送 33 次信息、41 篇文章，及时将行业信息和动态通过微信平台向行业传播，推送重庆市绿色建筑发展的最新资讯和重要通知，并提供咨询服务。

重庆市绿色建筑与建筑产业化协会绿色建筑专业委员会为进一步提升重庆市绿色建筑与建筑节能监管水平和实施能力，进行人才培养和能力建设，组织开展了一系列培训研讨活动，加强团体会员之间的学习、经验交流；组织梳理典型示范工程，不断强化自身学习、提升自身能力建设，为重庆市绿色建筑提供强有力的技术支撑，对重庆市绿色建筑的发展做出了积极的贡献。

全面推动绿色建筑标准体系的更新完善，以国家绿色建筑评价标准为准则，积极完善地方绿色建筑相关执行要求，强化强制执行绿色建筑标准项目的技术要求，推动绿色建筑评价项目实施的技术发展，完成重庆市绿色建筑强制执行标准体系的修编工作，完成重庆市绿色建筑评价标识的执行技术要求修编工作，从根本上建立了与国家管理和技术新要求相一致的绿色建筑推动体系，保证了重庆市绿色建筑推广工作的稳步推进。

为更好地促进地区绿色建筑的发展，不断完善西南地区绿色建筑基地建设，专委会联合西南地区绿色建筑基地单位开展交流活动，促进成渝地区双城经济圈绿色建筑的发展。

1.1.2 绿色建筑政策法规建设情况

为了规范行业发展，牢固树立创新、协调、绿色、开放、共享的发展理念，加快城乡建设领域生态文明建设，全面实施绿色建筑行动，促进重庆市建筑节能与绿色建筑工作深入开展，2020年度，国家和重庆市发布了一系列政策法规、技术标准，为绿色建筑的迅速发展提供了有力支撑和坚强保障。重庆市制订发布的相关政策、标准如下：

- 《重庆市住房和城乡建设委员会关于批准〈被动式低能耗建筑围护结构建筑构造〉为重庆市工程建设标准设计的通知》
- 《重庆市住房和城乡建设委员会关于印发〈新型冠状病毒肺炎集中隔离场所(宾馆类)应急改造暂行技术导则〉的通知》
- 《重庆市住房和城乡建设委员会关于印发〈新型冠状病毒肺炎防控期公共建筑运行管理技术指南〉的通知》
- 《重庆市住房和城乡建设委员会关于印发〈重庆市星级绿色建筑全装修实施技术导则〉的通知》
- 《重庆市住房和城乡建设委员会关于印发〈重庆市绿色建筑创建行动实施方案〉的通知》

1.1.3 绿色建筑标准规范建设情况

为进一步加强绿色建筑发展的规范性建设，根据工作部署，重庆市绿色建筑专业委员会组织参加编制完成了多部绿色建筑相关标准。

1. 重庆市相关标准

- 《无障碍设计标准》DBJ50/T-346—2020
- 《公共建筑用能限额标准》DBJ50/T-345—2020
- 《绿色建筑评价标准》DBJ50/T-066—2020
- 《民用建筑外门窗应用技术标准》DBJ50/T-065—2020
- 《绿色生态住宅(绿色建筑)小区建设技术标准》DBJ50/T-039—2020
- 《建筑外墙无机饰面砖应用技术标准》DBJ50/T-357—2020
- 《居住建筑节能65%(绿色建筑)设计标准》DBJ50-071—2020
- 《公共建筑节能(绿色建筑)设计标准》DBJ50-052—2020
- 《住宅工程质量常见问题防治技术标准》DBJ50/T-360—2020
- 《公共建筑设备系统节能运行标准》DBJ50/T-081—2020

- 《节能彩钢门窗应用技术标准》DBJ50/T-089—2020
- 《海绵城市建设项目评价标准》DBJ50/T-365—2020
- 《绿色轨道交通技术标准》DBJ50/T-364—2020
- 《热致调光中空玻璃应用技术标准》DBJ50/T-367—2020
- 《大型公共建筑自然通风应用技术标准》DBJ50/T-372—2020

2. 行业协会标准

- 协会标准《多参数室内环境监测仪器》T/CECS 10101—2020
- 协会标准《既有公共建筑室内环境分级评价标准》T/CABEE 002—2020
- 协会标准《公共建筑能源管理技术规程》T/CABEE 003—2020
- 协会标准《公共建筑机电系统调适技术导则》T/CECS 764—2020
- 协会标准《绿色建筑检测技术标准》T/CECS 725—2020
- 协会标准《绿色港口客运站建筑评价标准》
- 协会标准《办公建筑室内环境技术标准》（在编）
- 协会标准《长江流域低能耗居住建筑技术标准》（在编）

1.1.4　绿色建筑科研情况

2020 年以来，重庆市针对西南地区特有的气候、资源、经济和社会发展的不同特点，广泛开展绿色建筑关键方法和技术研究开发。

1. 国家级科研项目

(1) "十三五"国家重点研发计划项目"长江流域建筑供暖空调解决方案和相应系统"（项目编号：2016YFC0700300），项目总经费 12500 万元，其中专项经费 4500 万元。

(2) "十三五"国家重点研发计划课题"基于能耗限额的建筑室内热环境定量需求及节能技术路径"（课题编号：2016YFC0700301），课题总经费 1880 万元，其中专项经费 780 万元。

(3) "十三五"国家重点研发计划课题"建筑室内空气质量运维共性关键技术研究"（课题编号：2017YFC0702704），课题总经费 450 万元，其中专项经费 250 万元。

(4) "十三五"国家重点研发计划子课题"舒适高效供暖空调统一末端关键技术研究"（子课题编号：2016YFC0700303-2），子课题总经费 220 万元，其中专项经费 220 万元。

(5) "十三五"国家重点研发计划子课题"建筑热环境营造技术集成方法研究"（子课题编号：2016YFC0700306-3），子课题总经费 170 万元，其中专项经费 170 万元。

(6) "十三五"国家重点研发计划子课题"绿色建筑立体绿化和地道风技术适应性研究"。

(7) "十三五"国家重点研发计划子课题"建筑室内空气质量与能耗的耦合关系研究"（子课题编号：2017YFC0702703-05），子课题总经费 20 万元，其中专项经费 20 万元。

(8) "十三五"国家重点研发计划课题"既有公共建筑室内物理环境改善关键技术研究与示范"（课题编号：2016YFC0700705），课题于 2020 年 6 月验收。

(9) "十三五"国家重点研发计划项目"绿色建筑及建筑工业化"专项《居住建筑室

内通风策略与室内空气质量营造》课题4《节能、经济、适用的通风及空气质量控制方法和技术》，项目于2020年10月验收。

（10）"十三五"国家重点研发计划项目"绿色建筑及建筑工业化"专项《居住建筑室内通风策略与室内空气质量营造》课题5《住宅通风和空气净化过滤技术实施及效果评测》，项目于2020年10月验收。

　　2. 承担地方级科研项目

- ■ 重庆市公共机构能源监管与运维评估大数据智慧平台建设
- ■ 重庆市公共建筑节能改造节能核定
- ■ 重庆市《既有公共建筑绿色改造技术标准》编制
- ■ 重庆市《大型公共建筑自然通风应用技术标准》编制
- ■ 重庆东站能源供应及利用研究

1.1.5 绿色建筑技术推广、专业培训及科普教育活动

为进一步促进绿色建筑的技术推广，扩大重庆市绿色建筑的发展影响，重庆市先后组织参与了一系列宣传推广、学术论坛和研讨活动，共同探讨现状、分享实施案例、开展技术交流。为促进西南地区绿色建筑科学研究与工程实践工作的稳步开展和共同进步，加强西南地区从事绿色建筑相关领域研究单位之间的交流合作，2020年1月3日，重庆大学丁勇教授、高亚锋副教授带领绿色建筑与建筑节能研究组代表（以下简称研究组）前往中国建筑西南设计研究院有限公司绿色建筑设计研究中心（以下简称绿色建筑中心），就绿色建筑的课题研究、工作推进、取得成效及西南地区绿色建筑发展趋势等内容进行了详细的讨论与交流，双方单位代表共计20余人参加了会议（图1.1）。

图1.1　"绿色建筑课题研究"现场

2020年1月17日，中国建筑节能协会在重庆大学组织召开了协会团体标准《公共建筑能源管理技术规程（送审稿）》（以下简称《规程》）的技术审查会（图1.2）。

疫情期间，积极响应号召，做好智力服务。2020年伊始，新冠肺炎病毒肆虐神州，为认真贯彻落实习近平总书记对新冠病毒感染肺炎疫情防控工作的重要指示精神，坚决打赢疫情防控的人民战争、总体战、阻击战，重庆绿色建筑相关单位和专业技术人员发挥专业技术、行业优势，响应政府号召，积极为社会贡献智力服务。

图 1.2　《公共建筑能源管理技术规程(送审稿)》技术审查会现场

为适应新型冠状病毒肺炎应急设施建设紧迫性和时效性的需要,在重庆市住房和城乡建设委员会的部署、组织下,中煤科工集团重庆设计研究院有限公司和重庆医科大学联合市内多家单位和相关专家,编制完成了《新型冠状病毒肺炎集中隔离场所(宾馆类)应急改造暂行技术导则》,为切断病毒传播链、保障应急设施建设提供了科学的技术保障。

为配合做好重庆市新型冠状病毒肺炎防控工作,针对重庆市相关企事业单位复工复产过程中的重点需求,明确防控期间民众关注的公共建筑的运行管理要求,切实做好复工复产期间的防控工作,在重庆市住房和城乡建设委员会的部署、组织下,重庆大学、重庆市绿色建筑与建筑产业化协会绿色建筑专业委员会会同中机中联工程有限公司、重庆市设计院有限公司、重庆市中煤科工集团重庆设计研究院有限公司、中冶赛迪工程技术股份有限公司、重庆大学建筑设计研究院、同方泰德(重庆)科技有限公司等单位相关人员,共同编制完成了《新型冠状病毒肺炎防控期公共建筑运行管理技术指南》,结合重庆气候特点和建筑实际,指导公共建筑安全合理运行,为复工复产提供了技术保障。

为落实住房和城乡建设部关于加强疫情防控有序推动复工复产等要求,根据住房和城乡建设部科技与产业化发展中心的工作部署和组织,由住房和城乡建设部科技与产业化发展中心、中国建筑科学研究院有限公司、重庆大学、天津大学、上海市建筑科学研究院(集团)有限公司、深圳市建筑科学研究院股份有限公司等单位相关人员,会同国内多家单位和专家,共同编制完成了《办公建筑应对突发疫情防控运行管理技术指南》,指导办公建筑内工作人员防控疫情,确保建筑及相关设施正常管理和运行。

发挥专业所学,服务社会行业。为进一步配合做好重庆市新型冠状病毒肺炎防控工作,急行业所急、想民众所想,强化重庆市住房和城乡建设委员会组织发布的《新型冠状病毒肺炎防控期公共建筑运行管理技术指南》切实发挥作用,应重庆市可再生能源学会、重庆能源研究会邀请,针对重庆市相关行业单位,重庆市绿色建筑与建筑产业化协会绿色建筑专业委员会联合重庆市可再生能源学会、重庆能源研究会共同举办了网上公开课"新冠肺炎防控期空调系统使用"讲解,结合重庆市气候特点、空调系统特点、使用管理要点等问题,为相关应用单位进行了技术讲解,共计约 500 人观看了公开课。

走进企业,共享理念,新的时期,新的发展。在重庆市住房和城乡建设委员会全面提升绿色建筑性能发展的要求下,为做好新版重庆市《绿色建筑评价标准》相关发展理念的推广普及，重庆市绿色建筑与建筑产业化协会绿色建筑专业委员会走进企业微信群，积极分享相关理念。应中煤科工集团重庆设计研究院有限公司绿色建筑技术中心的邀请，专委会于 2020 年 3 月 19 日晚在企业微信群内，针对行业关心的绿色建筑的新要求、新发展，结合近段时间大家关心的，与建筑空气环境健康性能要求密切相关的条文，从建筑规划布局、建筑设备系统设计、运行管理创新三个方面，从标准条文内容出发，结合重庆市十年绿色建筑发展的工程实践，与相关专业人员进行了有关区域微气候特征、室内气流流场、室内环境质量要求与保障、建筑自然通风、空调系统通风换气与净化过滤、建筑性能保障、社区环境保障等绿色建筑实施过程中的实践要点分享，并回答了参与交流分享的从业者关心的问题。

走进校园，分享理念。为积极宣传绿色发展理念，深入贯彻绿色建筑建设发展思想，重庆市绿色建筑与建筑产业化协会绿色建筑专业委员会积极开展高校宣贯互动。2020 年 3 月 26 日，专委会与重庆大学建筑学部联合毕业设计组共同开展了"绿色建筑走进校园"专题网络分享会。结合当前绿色建筑的发展现状、趋势以及存在的主要问题，专委会从"如何理解绿色建筑的需求与发展"和"《绿色建筑评价标准》(GB/T 50378)修订介绍"两个方面，以"从设计出发的绿色建筑"为题，与参加分享会的 40 余名师生进行了深入交流。交流内容包含绿色建筑的根本需求分析、专业属性分析、阶段特性解读、当前绿色建筑推行过程中的主要问题剖析、绿色建筑设计的根本理念建立以及 2019 版国家《绿色建筑评价标准》的修订要点、典型条文要求和主要特点等相关内容。

2020 年 4 月 17 日，由重庆市绿色建筑与建筑产业化协会绿色建筑专业委员会、西南地区绿色建筑基地，联合重庆大学绿色建筑与建筑节能研究组共同举办的，主要面向技能型人才综合素质提升的绿色建筑与节能专题技能交流会——"面向未来，用未来照亮自己"，通过网络直播的形式举行，受众包括全国范围内各设计院、专业技术人员、高校学生等 90 余人。

为进一步推动重庆市公共机构用能系统能源监管与运维评估智慧平台建设，重庆市社会民生类重点研发项目"重庆市公共机构能源监管与运维评估大数据智慧平台"数据统计模块框架讨论会于 2020 年 6 月 17 日下午召开(图 1.3)。

图 1.3　"重庆市公共机构能源监管与运维评估大数据智慧平台"讨论会现场

2020 年 6 月 28 日至 29 日，中国建筑科学研究院有限公司在北京组织专家对"十三五"国家重点研发计划项目"既有公共建筑综合性能提升与改造关键技术"下的 9 个课题进行了课题绩效评价，会议采用视频方式进行（图 1.4）。

图 1.4　"既有公共建筑综合性能提升与改造关键技术"视频会议

2020 年 7 月 27 日，重庆市住房和城乡建设委员会组织召开了《重庆市绿色建筑评价标准技术细则》专家审查会，并通过审查（图 1.5）。

图 1.5　《重庆市绿色建筑评价标准技术细则》专家审查会现场

2020 年 7 月 28 日上午，重庆市绿色建筑与建筑产业化协会绿色建筑专业委员会 2020 年度主任委员工作会议在重庆大学国家级低碳绿色建筑国际联合研究中心组织召开。下午，绿色建筑专委会进行了 2019 年重新报名登记的新一批个人委员和委员会单位代表会议，会议采用现场会议+视频会议共同进行的形式，各主任委员参加现场会议，委员参加视频会议（图 1.6）。

图 1.6　重庆市绿色建筑与建筑产业化协会绿色建筑专业委员会 2020 年度主任委员工作会议现场

2020 年 8 月 7 日上午，重庆市社会民生类重点研发项目"重庆市公共机构能源监管与运维评估大数据智慧平台"工作推进会议在中国建筑科学研究院有限公司重庆分院会议室召开(图 1.7)。

图 1.7 "重庆市公共机构能源监管与运维评估大数据智慧平台"会议现场

2020 年 8 月 14 日，重庆市住房和城乡建设委员会在重庆大学低碳绿色建筑国际联合研究中心组织召开了重庆市工程建设标准《绿色轨道交通技术标准》专家审查会(图 1.8)。

图 1.8 《绿色轨道交通技术标准》专家审查会现场

2020 年 8 月 25 日至 27 日，重庆市绿色建筑与建筑产业化协会绿色建筑专业委员会组织参加第十六届国际绿色建筑与建筑节能大会和中国城市科学研究会绿色建筑委员会全体委员大会，连续 7 年获得"年度先进集体"称号(图 1.9)。

图 1.9　第十六届国际绿色建筑与建筑节能大会和中国城市科学研究会绿色建筑委员会全体委员大会现场

继新版重庆市《绿色建筑评价标准》执行之后，2020 年 8 月 28 日，由重庆市住房和城乡建设委员会组织，重庆市工程建设标准《既有公共建筑绿色改造技术标准》专家审查会顺利召开(图 1.10)。

图 1.10　《既有公共建筑绿色改造技术标准》审查会现场

2020 年 9 月 10 日，重庆大学健康室内环境研究组代表丁勇教授、喻伟副教授赴成都，与中建三局西部投资有限公司总工程师王惠超、安全总监周建杰等公司代表，就室内环境健康特性的合作研究进行了深入交流，中建三局西部投资有限公司建设管理部技术业务线、房地产事业部规划设计部、房地产事业部工程建设部以及天府公馆项目相关人员参加了交流会(图 1.11)。

图 1.11　室内环境健康特性的合作研究交流现场

2020 年 9 月 11 日，南京市建委代表团到访重庆大学交流绿色建筑发展（图 1.12）。双方就重庆市和南京市两地的绿色建筑发展现状、政策标准、标识评价等方面进行了深入交流，并就"十四五"绿色建筑发展方向进行了研讨，针对绿色建筑发展中的可感知、高品质、多融合等问题进行了意见交换，就南京市绿色建筑发展中的"零污染、零烦恼、零能耗、零垃圾"四个"零"设想进行了探讨。

图 1.12   南京市建委代表团到访重庆大学交流绿色建筑发展现场

2020 年 10 月 16 日下午，重庆市绿色建筑与建筑产业化协会绿色建筑专业委员会2020 年度会员单位工作研讨会议在重庆大学国家级低碳绿色建筑国际联合研究中心组织召开（图 1.13）。

图 1.13   重庆市绿色建筑与建筑产业化协会绿色建筑专业委员会
2020 年度会员单位工作研讨会议现场

2020 年 10 月 30 日，重庆市工程建设标准《大型公共建筑自然通风应用技术标准》专家审查会顺利召开。经专家组讨论，认为标准送审稿内容完整，对重庆市大型公共建筑在自然通风方面提出了具体可操作性的措施，有助于规范和引导重庆市大型公共建筑自然通风的合理高效利用，提高室内空气环境质量。

2020 年 11 月 10 日，重庆市首个三星级绿色居住建筑运行评价标识评审会组织召开。项目率先在重庆市试点了居住建筑中水利用、精装修交付等绿色技术，并结合山地地形，实践山地集约化设计在居住建筑中的应用，将有望为重庆市绿色居住建筑的技术实践提供参考和借鉴。

2020 年 12 月 5 日，第五届西南地区建筑绿色化发展暨重庆市绿色建筑产业化协会绿色建筑专业委员会成立十周年研讨会在重庆交通大学盛大召开。住房和城乡建设部科技与产业化发展中心副主任梁俊强、重庆市住房和城乡建设委员会副主任董勇、中国城市科学研究会绿色建筑与节能委员会主任王有为、中国建筑科学研究院有限公司副总经理王清勤、重庆市住房和城乡建设委员会设计与绿色建筑发展处处长龚毅、西藏自治区住房和城乡建设厅科技节能和设计标准定额处处长倪玉斌等领导出席会议。来自重庆市各设计单位、咨询单位、建设单位、行业企事业单位，四川、西藏、北京等地行业协会、单位代表共计 230 余人参加了大会(图 1.14)。

图 1.14　第五届西南地区建筑绿色化发展暨重庆市绿色建筑产业化协会
绿色建筑专业委员会成立十周年研讨会现场

"建筑高品质发展论坛"于当日下午组织召开，论坛由重庆市绿色建筑与建筑产业化协会会长曹勇主持，来自重庆、四川、西藏、北京等地近两百余名代表参加了论坛(图 1.15)。

图 1.15　"建筑高品质发展论坛"会议现场

2020 年 12 月 5 日下午，2020 年中国城市科学研究会绿色建筑与节能委员会建筑室内环境学组年度会议在重庆组织召开。鉴于特殊时期的情况，本次学组年度会议采用了线下线上同步进行的形式(图 1.16)。

图 1.16　中国城市科学研究会绿色建筑与节能委员会建筑室内环境学组年会现场

2020 年 12 月 10 日，重庆东站指挥部组织的《东站能源供应及利用研究》项目专家评审会顺利召开。经专家评议，研究形成的结论和建议达到了预期目标，研究结果对东站的后期建设具有指导性意义，有助于推进重庆东站的绿色化战略发展(图 1.17)。

图 1.17　《东站能源供应及利用研究》项目评审会现场

2020 年 12 月 11 日，重庆市社会民生类重点研发项目"重庆市公共机构能源监管与运维评估大数据智慧平台"工作推进会议在中国建筑科学研究院有限公司重庆分院会议室召开。重庆市科技局社会发展处副处长张柯、滕超，重庆市机关事务管理局节能工作处正处级调研员向波、副处长方立参加了会议。

1.1.6　工作亮点

2020 年，重庆市绿色建筑与建筑产业化协会绿色建筑专业委员会克服疫情影响，利用网络、通信等各类线上平台，积极加强国家新的绿色建筑评价体系和管理要求的宣传工作，编制完成《重庆市绿色建筑评价标准技术细则》，开展全市范围内强化绿色建筑技术要求的宣传培训工作，为绿色建筑高质量发展奠定了坚实基础。

积极投身行业复工复产工作，积极响应号召，做好智力服务，配合重庆市住房和城乡建设委员会、住房和城乡建设部科技与产业化发展中心等部门提供技术支撑工作。

积极组织行业组织，完成重庆市绿色建筑专业委员会主任、副主任、委员、委员单位的更新换届，促进了组织工作的可持续发展。组织开展了专委会成立十周年研讨会，提升了行业组织的凝聚力。

1.1.7　2021 年工作设想

(1) 强化组织机构建设，进一步扩充专委会委员单位，积极发挥专委会全体成员的主观能动性，推动绿色建筑行业发展。

(2) 规划和发展地方适宜绿色建筑技术体系的投建，组织开展地方绿色建筑技术实施指南编制。

(3) 拓展绿色建筑标识评价，积极走进企业，开展高星级绿色建筑技术服务与对口支撑工作。

(4) 强化西南地区绿色建筑基地的建设和扩展工作，发挥基地的组织号召能力，组织西南地区绿色建筑单位开展交流活动。

(5) 联合夏热冬冷地区绿色建筑从业单位，组织办好第十一届夏热冬冷地区绿色建筑联盟大会。

(6) 继续深入开展国际、国内交流活动，组织开展技术交流，积极参加国际、国内行业活动。

1.2　重庆市绿色建筑 2020 年度发展情况

1.2.1　强制性绿色建筑标准项目情况

根据报送数据，2020 年，重庆市执行绿色建筑强制性标准项目共计 1188 个，面积 5575.34 万 m^2。根据建筑类型分类，居住建筑 608 个，面积 4428.54 万 m^2；公共建筑 580 个，面积 1146.80 万 m^2。各地区强制性绿色建筑标准项目数量如表 1.1 所示，强制性绿色建筑标准项目区域分布图如图 1.18 所示。

表 1.1　各地区强制性绿色建筑标准项目情况

区(县)	强制执行绿色建筑项目		详细信息			
			居住建筑		公共建筑	
	项目数/个	项目面积/m^2	项目数/个	项目面积/m^2	项目数/个	项目面积/m^2
两江新区	214	14066811.98	129	9643148.04	85	4423663.94

续表

区(县)	强制执行绿色建筑项目		详细信息			
			居住建筑		公共建筑	
	项目数/个	项目面积/m²	项目数/个	项目面积/m²	项目数/个	项目面积/m²
巴南区	40	2629571.35	40	2629571.35	0	0.00
北碚区	31	2230606.60	19	2102587.24	12	128019.36
沙坪坝区	46	2828494.41	30	2327971.50	16	500522.91
南岸区	34	1830121.24	34	1830121.24	0	0.00
大渡口区	34	1721700.29	15	1567123.29	19	154577.00
渝北区	17	698841.12	6	379169.64	11	319671.48
九龙坡区	5	196016.99	3	170123.63	2	25893.36
高新区	34	2163975.84	12	953266.31	22	1210709.53
经开区	6	160088.77	3	105348.61	3	54740.16
江北区	7	420000.00	4	290000.00	3	130000.00
渝中区	2	46376.50	0	0.00	2	46376.50
荣昌区	33	655711.95	18	596983.73	15	58728.22
璧山区	60	3263776.96	30	2956001.98	30	307774.98
潼南区	42	1622888.41	21	1362112.93	21	260775.48
铜梁区	18	854980.96	10	771964.35	8	83016.61
大足区	19	822553.95	12	706280.97	7	116272.98
万盛经开区	2	65745.52	0	0.00	2	65745.52
合川区	15	580943.54	7	488571.51	8	92372.03
永川区	41	1740000.00	25	1597000.00	16	143000.00
江津区	67	4565004.04	37	4190996.70	30	374007.34
双桥经开区	7	92290.62	3	51439.86	4	40850.76
忠县	24	777791.41	5	545379.27	19	232412.14
丰都县	27	826182.96	6	640832.23	21	185350.73
万州区	24	342195.94	11	87914.83	13	254281.11
巫溪县	8	117641.76	1	26822.92	7	90818.84
石柱县	18	532434.85	13	509296.57	5	23138.28
奉节县	0	0.00	0	0.00	0	0.00
巫山县	23	641218.05	5	439700.74	18	201517.31
开州区	27	1127143.41	14	909122.00	13	218021.41
垫江县	20	740041.86	8	526003.05	12	214038.81
梁平区	8	330109.99	4	301451.51	4	28658.48
城口县	13	55203.77	0	0.00	13	55203.77
云阳县	25	1134491.96	18	1073862.75	7	60629.21
涪陵区	35	555078.68	8	367114.83	27	187963.85

续表

区(县)	强制执行绿色建筑项目		详细信息			
	项目数/个	项目面积/m²	居住建筑		公共建筑	
			项目数/个	项目面积/m²	项目数/个	项目面积/m²
长寿区	38	805666.70	9	416671.24	29	388995.46
綦江区	30	1065257.23	17	822641.43	13	242615.80
黔江县	35	859886.51	11	627804.12	24	232082.39
彭水县	7	206609.73	3	202248.33	4	4361.40
秀山县	16	523149.85	6	493814.64	10	29335.21
武隆区	5	488008.58	4	425232.18	1	62776.40
酉阳县	17	143069.59	0	0.00	17	143069.59
南川区	14	1225726.64	7	1149729.32	7	75997.32
合计	1188	55753410.51	608	44285424.84	580	11467985.67

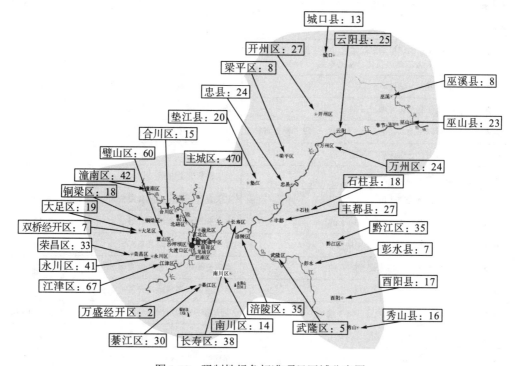

图 1.18　强制性绿色标准项目区域分布图

1.2.2　绿色建筑评价标识

2020 年,重庆市绿色建筑与建筑产业化协会绿色建筑专业委员会通过绿色建筑评价标识认证的项目共计 33 个,总建筑面积 611.87 万 m²,其中,公共建筑项目 13 个,总建筑面积 185.78 万 m²,包括铂金级(三星级)项目 6 个,总建筑面积 30.18 万 m²,金级(二星级)项目 7 个,总建筑面积 155.6 万 m²;居住建筑项目 18 个,总建筑面积 413.12 万 m²,包括铂金级(三星级)项目1个,总建筑面积10.15万 m²,金级(二星级)项目14个,总建筑面积319.44万 m²,银级(一星级)项目3个,总建筑面积83.53万 m²;混合建筑项目2个,为金级(二星级)项目,总建筑面积12.97万 m²。2020年度已完成评审的绿色建筑评价标识项目详细情况如表1.2所示,项目区域分布图如图1.19所示。

表1.2　2020年度已完成评审的绿色建筑评价标识项目统计

评审等级	项目名称	建设单位	评审时间
★★★	渝北区市民服务中心(二期)	重庆空港新城开发建设有限公司	2019.12.17
★★★	渝北区市民服务中心(档案馆综合楼)	重庆空港新城开发建设有限公司	2019.12.17
★★★	渝北区市民服务中心(行政服务中心)	重庆空港新城开发建设有限公司	2019.12.17
★★★	北京城建·龙樾生态城(C43-2/07地块)幼儿园	北京城建重庆地产有限公司	2019.12.20
★★★	金科照母山项目B5-1/05地块二标段工程9号楼	重庆金科中俊房地产开发有限公司	2019.12.20
★★★	重庆市市政设计研究院研发基地工程	重庆市市政设计研究院	2020.01.07
★★★	寰宇天下B03-2地块	重庆丰盈房地产开发有限公司	2020.11.06
★★	重庆江北国际机场东航站区及第三跑道建设工程新建T3A航站楼及综合交通枢纽	重庆机场集团有限公司	2019.11.05
★★	洺悦城	重庆启润房地产开发有限公司	2019.11.21
★★	同原江北鸿恩寺项目三期	重庆同原房地产开发有限公司	2019.12.11
★★	金科照母山项目B5-1/05地块二标段工程1号楼	重庆金科中俊房地产开发有限公司	2019.12.20
★★	重庆市设计院建研楼改造工程	重庆港庆建筑装饰有限公司	2019.12.24
★★	万科园博园项目(一期)	重庆博科置业有限公司	2019.12.24
★★	中央铭著C77-1/03	重庆金辉长江房地产有限公司	2019.12.24
★★	中央铭著(C79-1/02、C80-1/02)	重庆金辉长江房地产有限公司	2019.12.24
★★	中交·锦悦Q08-2/04地块项目	重庆中交置业有限公司	2019.12.26
★★	重庆大学产业技术研究院一期	重庆金凤电子信息产业有限公司	2020.01.06
★★	茶园B44-1项目	重庆康田米源房地产开发有限公司	2020.01.06
★★	茶园组团B分区项目B48-3地块	重庆康田米源房地产开发有限公司	2020.01.06
★★	力帆·翡翠郡(三期)	重庆润禄房地产开发有限公司	2020.01.07
★★	北京城建·龙樾生态城C29-2/06地块	北京城建重庆地产有限公司	2020.01.07
★★	北京城建·龙樾生态城C32/07地块	北京城建重庆地产有限公司	2020.01.07
★★	恒大绿岛新城G组团19~32号楼及地下车库	重庆同景共好置地有限公司	2020.01.07
★★	重庆市三峡库区文物修复中心改建项目	重庆市文化遗产研究院	2020.01.10
★★	两江总部智慧生态城吉田项目	重庆吉田投资发展有限公司	2020.01.10
★★	九鼎花园(温莎公馆)房地产开发项目(居住建筑部分)	重庆乐鼎投资有限公司	2020.06.19
★★	金科·博翠天悦	重庆市璧山区金科众玺置业有限公司	2020.07.22

续表

评审等级	项目名称	建设单位	评审时间
★★	金科维拉莊园	重庆市金科骏耀房地产开发有限公司	2020.08.04
★★	名流印象44~54号楼及地下车库	重庆名流置业有限公司	2020.09.22
★★	久桓·中央美地(居住建筑部分)	重庆市璧山区久桓置业有限公司	2020.10.20
★	忠县恒大悦珑湾一期	重庆恒宜众宸房地产开发有限公司	2019.12.20
★	恒大国际文化城A区1号地块(A13号~A26号、A1号车库)	重庆恒渝珞城房地产开发有限公司	2019.12.24
★	恒大国际文化城A区1号地块(A110号~A239号、A5号车库)	重庆恒渝珞城房地产开发有限公司	2019.12.24

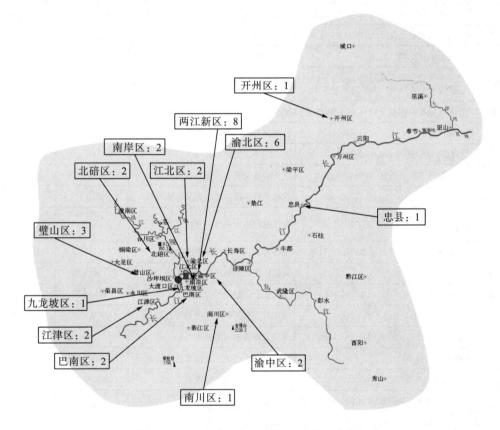

图 1.19　2020年度绿色建筑评审项目区域分布图

1.2.3 绿色生态住宅(绿色建筑)小区标识项目情况

2020年,重庆市授予绿色生态住宅(绿色建筑)小区评价项目93个,总建筑面积1766.33万 m^2 。按标识阶段分类,设计标识评价项目38个,建筑面积586.93万 m^2 ；竣工标识评价(终评审)项目55个,建筑面积1179.40万 m^2 。截至2020年底,全市绿色生态住宅小区设计评价(预评审)项目共计458个,面积10642.77万 m^2 ,绿色生态住宅小区竣工评价(终评审)项目共计271个，面积6045.51万㎡。2020年全市绿色生态住宅(绿色建筑)小区评价项目详细情况如表1.3所示，项目区域分布图如图1.20所示。

表1.3　2020年全市绿色生态住宅(绿色建筑)小区评价项目统计表

序号	项目名称	建设单位	建筑面积/m²	标识类型
授予设计标识项目38个，586.93万m²				
1	集美江畔A区	重庆江骏房地产开发有限公司	176931.86	设计标识
2	昕晖滨湖壹号院(一、二期)	重庆昕晖旭宁房地产开发有限公司	113534.12	设计标识
3	金辉城一期B1区	重庆金辉长江房地产有限公司	231473.18	设计标识
4	巴南区界石组团T分区T11-3/02地块	重庆星界置业有限公司	127912.79	设计标识
5	两江新区悦来组团C分区(C76/05地块)	重庆华辉盛锦房地产开发有限公司	71121.56	设计标识
6	两江新区水土组团B分区B36-1/03号地块	重庆凯惠房地产开发有限公司	152383.05	设计标识
7	龙湖蔡家项目二期二组团	重庆龙湖联新地产发展有限公司	51052.16	设计标识
8	龙湖蔡家项目二期三组团(2-1号~2-19号、2-28号~2-38号、W1及地下车库)	重庆龙湖联新地产发展有限公司	55770.96	设计标识
9	两江新区悦来组团C分区(C79-2/05地块)	重庆华辉盛锦房地产开发有限公司	70352.34	设计标识
10	融信渝州世纪	重庆融筑房地产开发有限公司	68423.11	设计标识
11	界石组团N分区N08-1/03地块	重庆锦峒置业有限公司	153661.18	设计标识
12	渝锦悦鹿角194亩项目(M40/02地块)	重庆渝锦悦房地产开发有限公司	228375.92	设计标识
13	两江新区悦来组团C分区C78-2/05	重庆华辉盛锦房地产开发有限公司	88639.52	设计标识
14	重庆市北碚区蔡家组团B分区B30-1/04号地块项目	重庆融创瀚茗房地产开发有限公司	102327.38	设计标识
15	两江新区水土组团B分区B37-1/03号地块	重庆甯锦房地产开发有限公司	106521.19	设计标识
16	集美牡丹湖	重庆市厚康房地产开发有限公司	325451.05	设计标识
17	昕晖·璟樾	重庆拓航房地产开发有限公司	298165.87	设计标识
18	龙兴组团H项目(H82-1/01地块)	重庆两江新区新桐实业有限公司	92763.20	设计标识
19	渝能·嘉湾壹号北E组团(N10/03地块)	重庆上善置地有限公司	123296.35	设计标识
20	浣溪锦云项目	重庆金悦汇房地产开发有限责任公司	128917.95	设计标识
21	巴南鱼洞P06项目	重庆市寰峰房地产开发有限公司	265796.33	设计标识
22	金科·集美东方项目(D01-4/02、D01-5/02地块)	重庆市博展房地产开发有限责任公司	138545.32	设计标识
23	金科·集美东方项目(D02-1/02、D02-5/02地块)	重庆市博展房地产开发有限责任公司	178577.70	设计标识
24	金科·博翠山麓H27-1/07、H27-3/05地块	重庆金达润房地产开发有限公司	119149.66	设计标识
25	集美东方二期	重庆文乾房地产开发有限公司	265691.32	设计标识
26	黛山悦府北地块(C01-2/02)	重庆西道房地产开发有限公司	107320.37	设计标识
27	黛山悦府南地块(C01-4/02地块)	重庆西道房地产开发有限公司	125525.84	设计标识
28	金科·集美江悦(地块二)项目	重庆金科骏宏房地产开发有限公司	227051.33	设计标识
29	巴南区界石组团T11-7/02宗地项目	重庆星界置业有限公司	131819.89	设计标识

续表

序号	项目名称	建设单位	建筑面积/m²	标识类型
30	礼悦东方小区 B 组团	重庆市金顺盛房地产开发有限公司	380777.97	设计标识
31	金科·博翠云邸	重庆金达科畅房地产开发有限公司	225132.82	设计标识
32	龙兴组团 H 项目（H80-1/01 地块）	重庆两江新区新桐实业有限公司	50961.53	设计标识
33	西永组团 W04-2/02 地块	重庆六真房地产开发有限公司	97923.57	设计标识
34	万科中央公园两路组团 C 分区 C123-1/04 号地块项目	重庆万翠置业有限公司	79997.74	设计标识
35	昕晖·香缇时光 C 组团二期	重庆旭亿置业有限公司	92188.10	设计标识
36	旭宇华锦悦来 065 项目 C82/05 地块	重庆旭宇华锦房地产开发有限公司	77498.54	设计标识
37	万科·四季花城	重庆万宏置业有限公司	286800.77	设计标识
38	力帆·翡翠郡（三期）	重庆润禄房地产开发有限公司	251468.03	设计标识

授予竣工标识项目 48 个，892.26 万 m²

序号	项目名称	建设单位	建筑面积/m²	标识类型
1	重庆龙湖怡置新大竹林项目二期三组团	重庆龙湖怡置地产开发有限公司	208141.32	竣工标识
2	华宇·温莎小镇二期	重庆业如房地产开发有限公司	124732.54	竣工标识
3	涪陵金科·天宸二三期（1-16、20、21、37-44、58-73、74（B）、75-81 号楼）	重庆市金科汇宜房地产开发有限公司	375648.67	竣工标识
4	旭原创展大竹林项目（08-01-4/03）地块	重庆旭原创展房地产开发有限公司	323147.83	竣工标识
5	国兴天原（重庆原天原化工厂总厂项目）三期二标段项目北区主地块	重庆国兴置业有限公司	145214.10	竣工标识
6	凰城御府一期（13~27 号、47~58 号、62 号、63 号及地下车库）	重庆永南实业有限公司	195471.45	竣工标识
7	金科蔡家 M 分区项目（M35-01/05 地块）	重庆金佳禾房地产开发有限公司	164816.84	竣工标识
8	金科照母山项目 B04-01/02 地块	重庆金科中俊房地产开发有限公司	232312.58	竣工标识
9	龙兴组团 J 标准分区 J46-1/01、J47-1/01 地块	重庆乐视界置业发展有限公司	284973.28	竣工标识
10	九鼎花园（温莎公馆）房地产开发项目	重庆乐鼎投资有限公司	280903.10	竣工标识
11	光华·安纳溪湖 B-2 组团	重庆华颂房地产开发有限公司	45968.06	竣工标识
12	重庆龙湖蔡家项目（P03-1 地块）	重庆龙湖联新地产发展有限公司	105397.40	竣工标识
13	中央铭著（C79-1/02、C80-1/02）	重庆金辉长江地产有限公司	230967.10	竣工标识
14	国美北滨路项目（原鹏润·国际公寓 D 区）	重庆中房房地产开发有限公司	173262.24	竣工标识
15	金辉城三期一标段项目	重庆金辉长江地产有限公司	470108.77	竣工标识
16	万科沙坪坝区沙坪坝组团 B 分区 B12/02 号宗地项目	重庆峰畔置业有限公司	235405.97	竣工标识
17	华宇·锦绣花城三期	重庆华宇集团有限公司	105257.46	竣工标识
18	中交·中央公园（C105-1/03）	重庆中交西南置业有限公司	192905.58	竣工标识
19	龙湖龙兴项目（H60-1 地块、H61-1 地块）	重庆两江新区龙湖新御置业发展有限公司	134692.78	竣工标识
20	金碧辉公司 66 号地块（G21-3/03 地块）	重庆金碧辉房地产开发有限公司	121665.40	竣工标识
21	巫山·金科城一期（1 号~22 号楼及地下室）	重庆金科巫宸房地产开发有限公司	310504.78	竣工标识

续表

序号	项目名称	建设单位	建筑面积/m²	标识类型
22	重庆龙湖创鑫新照母山项目	重庆龙湖创鑫房地产开发有限公司	94902.48	竣工标识
23	凤凰湾11、12、13、14、15期	重庆宏帆实业集团有限公司	86057.51	竣工标识
24	龙湖李家沱项目B10-7/05地块	重庆龙湖朗骏房地产开发有限公司	215304.18	竣工标识
25	重庆怡置新辰大竹林O区O01-4/05、O01-1/05、O01-2/05号地块建设项目（O01-4号地块）	重庆怡置新辰房地产开发有限公司	60665.87	竣工标识
26	洋世达·阳光华庭五期T2号楼、2区一标段（T9、T10、D3地下车库）	重庆洋世达房地产开发有限公司	174423.46	竣工标识
27	碧和原茶园项目（J3-1/02、J2-4/02地块）	重庆市南岸区碧和原房地产开发有限公司	291446.48	竣工标识
28	盛资尹朝社项目一期（大杨石NO2-4-1、NO2-4-2地块）	重庆盛资房地产开发有限公司	166354.37	竣工标识
29	昕晖·香缇时光D组团	重庆旭景置业有限公司	98721.71	竣工标识
30	南岸区茶园组团B分区B36/03宗地项目	重庆信创置业有限公司	114670.42	竣工标识
31	龙城华府C区（三期）一组团	重庆市永川区宏旭房地产开发有限公司	189637.12	竣工标识
32	金科御临河项目（一期）H40-1/01地块（6-1号至6-16号、D6地下车库）	重庆中讯物业发展有限公司	45960.02	竣工标识
33	金科御临河项目（二期）H45-4/01地块（9-1号至9-14号楼、D9地下车库）	重庆中讯物业发展有限公司	53622.38	竣工标识
34	重庆龙湖创佑九曲河项目（二期F05-8/05、F05-16/03地块）	重庆龙湖创佑地产发展有限公司	328700.06	竣工标识
35	金科云玺台三期	重庆市金科骏耀房地产开发有限公司	146657.80	竣工标识
36	久桓中央美地（1~36号楼及地下车库）	重庆市璧山区久桓置业有限公司	182512.55	竣工标识
37	湖语山项目	重庆中航地产有限公司	135299.13	竣工标识
38	至元成方弹子石项目一期	重庆至元成方房地产开发有限公司	261782.79	竣工标识
39	中交·锦悦Q04-4/02地块	重庆中交置业有限公司	300141.98	竣工标识
40	重庆龙湖创安照母山项目（G13-4-2、G14-4地块）	重庆龙湖创安地产发展有限公司	147094.83	竣工标识
41	龙湖龙兴项目（H65-1、H66-1地块）	重庆两江新区龙湖新御置业发展有限公司	85286.64	竣工标识
42	远洋九曲河项目	重庆远香房地产开发有限公司	350877.45	竣工标识
43	龙湖中央公园项目（F125-1地块）	重庆龙湖煦筑房地产开发有限公司	72816.18	竣工标识
44	金科·博翠天悦	重庆市璧山区金科众玺置业有限公司	139417.23	竣工标识
45	凰城御府二期、三期一组团	重庆永南实业有限公司	347359.41	竣工标识
46	金辉城三期二标段	重庆金辉长江房地产有限公司	90515.20	竣工标识
47	西永组团L22-1/05地块（龙湖西永核心区项目）	重庆龙湖景铭地产发展有限公司	178498.57	竣工标识
48	重庆龙湖怡置新大竹林项目（二期二组团）	重庆龙湖怡置地产开发有限公司	102382.98	竣工标识

续表

序号	项目名称	建设单位	建筑面积/m²	标识类型
授予绿色生态住宅小区称号项目 7 个，287.14 万 m²				
1	丰都金科黄金海岸一期二组团、三期项目	重庆金科正韬房地产开发有限公司	155689.09	绿色生态住宅小区称号
2	金科世界城一期(云阳)	重庆市金科骏成房地产开发有限公司	749234.27	绿色生态住宅小区称号
3	金科·中央公园城项目(一、二号地块)	重庆市金科途鸿置业有限公司	746245.84	绿色生态住宅小区称号
4	名流印象 44-54 号楼及地下车库	重庆名流置业有限公司	196444.33	绿色生态住宅小区称号
5	遵大·蓝湖国际 A 区	重庆遵大房地产开发有限公司	253118.74	绿色生态住宅小区称号
6	逸合·两江未来城 9 区(一期)	重庆结美亚置业有限公司	321913.72	绿色生态住宅小区称号
7	金科·中央公园(二期)	重庆市金科实业集团科润房地产开发有限公司	448781.78	绿色生态住宅小区称号

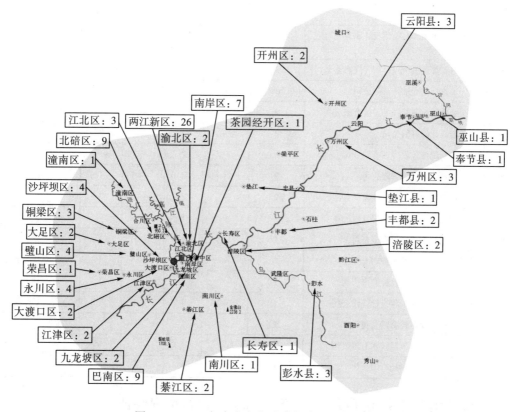

图 1.20　2020 年度生态小区评审项目区域分布图

1.3 重庆市绿色建筑项目咨询能力建设分析

1.3.1 绿色建筑咨询单位执行情况统计

根据重庆市绿色建筑与建筑产业化协会绿色建筑专业委员会对参与重庆市绿色建筑评价咨询单位的信息统计，2020 年度共有 17 个绿色建筑咨询单位参与了绿色建筑技术咨询工作，共组织评审通过了 33 个绿色建筑项目。其中，按评价类型分为 13 个公共建筑，18 个居住建筑，2 个混合建筑；按评价等级分为 7 个铂金级项目，23 个金级项目，3 个银级项目；按评价阶段分为 24 个设计阶段项目，7 个竣工阶段项目，2 个运行阶段项目。2020 年度各咨询单位咨询项目实施情况如表 1.4 所示。

表 1.4　2020 年度各咨询单位咨询项目实施情况

序号	咨询单位	项目数量/个	评价等级/个			评价阶段/个		
			铂金级	金级	银级	设计	竣工	运行
1	中机中联工程有限公司	6	2	1	3	5	—	1
2	中国电建集团华东勘测设计研究院有限公司	3	3	—	—	3	—	—
3	中煤科工集团重庆设计研究院有限公司	3	1	2		3		
4	重庆市建标工程技术有限公司	3	1	2		3		
5	重庆星能建筑节能技术发展有限公司	2	—	2			1	1
6	重庆市设计院有限公司	2		2		2		
7	重庆市斯励博工程咨询有限公司	2		2		1	1	
8	重庆灿辉科技发展有限公司	2		2		1	1	
9	重庆市盛绘建筑节能科技发展有限公司	2		2		2		
10	中国建筑西南设计研究院有限公司	1		1		1		
11	中国建筑科学研究院有限公司	1		1		1		
12	重庆东裕恒建筑技术咨询有限公司	1		1		1		
13	重庆源道建筑规划设计有限公司	1		1		1		
14	重庆迪赛因建设工程设计有限公司	1		1		1		
15	重庆绿航建筑科技有限公司	1		1		—	1	
16	重庆绿能和建筑节能技术有限公司	1		1			1	
17	重庆升源兴建筑科技有限公司	1	—	1			1	

1.3.2 绿色生态住宅(绿色建筑)小区咨询单位执行情况统计

咨询单位完成绿色生态住宅(绿色建筑)小区项目数量统计情况如表 1.5 所示。

表 1.5　咨询单位完成绿色生态住宅(绿色建筑)小区项目数量统计情况

序号	咨询单位	总项目数量/个	评价阶段/个		
			设计	竣工	运行
1	中机中联工程有限公司	16	10	6	—
2	重庆市斯励博工程咨询有限公司	13	6	7	—
3	中煤科工集团重庆设计研究院有限公司	8	0	8	—
4	重庆市建标工程技术有限公司	7	4	3	—
5	重庆绿能和建筑节能技术有限公司	7	2	5	—
6	重庆佳良建筑设计咨询有限公司	6	2	4	—
7	重庆绿航建筑科技有限公司	6	3	3	—
8	重庆市盛绘建筑节能科技发展有限公司	5	3	2	—
9	重庆隆杰盛建筑节能技术有限公司	3	0	3	—
10	重庆迪赛因建设工程设计有限公司	3	3	0	—
11	重庆升源兴建筑科技有限公司	3	0	3	—
12	重庆星能建筑节能技术发展有限公司	3	0	3	—
13	重庆绿创建筑技术咨询有限公司	3	2	1	—
14	重庆博诺圣科技发展有限公司	2	0	2	—
15	重庆市拓筹科技发展有限公司	2	1	1	—
16	重庆绿目建筑咨询有限公司	2	0	2	—
17	重庆伊科乐建筑节能技术有限公司	1	1	0	—
18	重庆科恒建材集团有限公司	1	1	0	—
19	重庆东裕恒建筑技术咨询有限公司	1	0	1	—
20	重庆灿辉科技发展有限公司	1	0	1	—

1.4　重庆市绿色建筑项目技术增量分析

1.4.1　项目主要技术应用的频次统计

本次主要对各项目涉及的技术增量表现、评审项目技术投资增量数据进行统计和分析。各数据信息来源于项目的自评估报告，根据统计梳理，各项目主要技术应用的频次统计见表 1.6。

表 1.6　项目主要技术应用频次统计

技术类型	技术名称	应用频次	建筑类型	2020 年完成	2019 年完成	2018 年完成	2017 年完成	对应等级
专项费用	绿色建筑专项设计与咨询	3	3 公共建筑	—	—	—	3 金级	3 金级
	绿色建筑专项实施	2	1 公共建筑 1 居住建筑	2 铂金级	—	—	—	2 铂金级

续表

技术类型	技术名称	应用频次	建筑类型	2020年完成	2019年完成	2018年完成	2017年完成	对应等级
专项费用	雨水专项设计	1	1公共建筑	—	—	1金级	—	1金级
	模拟分析	1	1居住建筑	—	—	—	1金级	1金级
	碳排放计算	1	1公共建筑	—	—	—	1铂金级	1铂金级
	BIM 设计	8	7公共建筑 1居住建筑	2铂金级 2金级	1铂金级	1铂金级	2铂金级	6铂金级 2金级
节水与水资源	绿化滴灌节水技术	—	—	—	—	—	—	—
	超压出流/减压阀	3	3居住建筑	3金级	—	—	—	3金级
	雨水收集利用系统	94	16公共建筑 76居住建筑 2混合建筑	5铂金级 17金级 3银级	3铂金级 33金级	1铂金级 14金级	1铂金级 15金级 2银级	10铂金级 79金级 5银级
	灌溉系统	71	54公共建筑 17居住建筑	7铂金级 8金级	3铂金级 14金级 1银级	3铂金级 13金级	3铂金级 15金级 4银级	16铂金级 50金级 5银级
	同层排水	—	—	—	—	—	—	—
	用水计量水表	2	1公共建筑 1居住建筑	—	1金级	—	1金级	2金级
	智能水计量系统	1	1公共建筑	1金级	—	—	—	1金级
	双分类垃圾箱	1	1公共建筑	1金级	—	—	—	1金级
	雨水中水利用	11	4公共建筑 7居住建筑	2铂金级 4金级	1银级	1铂金级 2金级	1金级	3铂金级 7金级 1银级
	节水器具	27	14公共建筑 13居住建筑	4铂金级 2金级	1铂金级 3金级 2银级	2铂金级 3金级	2铂金级 6金级 2银级	9铂金级 14金级 4银级
	餐厨垃圾生化处理系统	2	2居住建筑	1铂金级	—	1铂金级	—	2铂金级
	建筑 BA 系统	9	3公共建筑 6居住建筑	1铂金级 2金级	1铂金级 2金级	1铂金级 2金级	—	3铂金级 6金级
	绿色性能指标检测	2	1公共建筑 1居住建筑	—	1银级	1铂金级	—	1铂金级 1银级
	高压水枪	30	3居住建筑	5金级	1铂金级 21金级	3金级	—	1铂金级 29金级
	车库隔油池	25	25居住建筑	4金级	1铂金级 15金级	2金级	2金级 1银级	1铂金级 23金级 1银级
电气	节能照明	51	9公共建筑 40居住建筑 2混合建筑	4铂金级 9金级 3银级	3铂金级 18金级 1银级	1铂金级 3金级	1铂金级 7金级	9铂金级 37金级 5银级
	太阳能灯具	1	1居住建筑	1金级	—	—	—	1金级
	家居安防系统	1	1居住建筑	1金级	—	—	—	1金级
	BAS 楼宇智控系统	1	1公共建筑	1金级	—	—	—	1金级

续表

技术类型	技术名称	应用频次	建筑类型	2020年完成	2019年完成	2018年完成	2017年完成	对应等级
电气	LED 信息发布	1	1 居住建筑	1 金级	—	—	—	1 金级
	天然采光优化/车库导光筒	3	1 居住建筑 2 混合建筑	3 金级	—	—	—	3 金级
	节能型电气设备	4	2 公共建筑 2 居住建筑	1 铂金级 3 金级	—	—	—	1 铂金级 3 金级
	电扶梯节能控制措施	35	4 公共建筑 31 居住建筑	6 金级	3 铂金级 16 金级	6 金级	3 金级 1 银级	3 铂金级 31 金级 1 银级
	能耗监测系统	1	1 公共建筑	1 金级	—	—	—	1 金级
	高效节能灯具	24	4 公共建筑 20 居住建筑	1 金级	1 铂金级 8 金级	7 金级	1 铂金级 5 金级 1 银级	2 铂金级 21 金级 1 银级
	智能化系统	26	5 公共建筑 21 居住建筑	1 铂金级 8 金级	2 铂金级 12 金级	—	2 金级 1 银级	3 铂金级 22 金级 1 银级
	照明目标值设计	2	1 公共建筑 1 居住建筑	—	—	—	2 金级	2 金级
	选用节能设备	15	3 公共建筑 12 居住建筑	—	1 铂金级 1 金级	—	1 铂金级 10 金级 2 银级	2 铂金级 11 金级 2 银级
	能源管理平台	1	公共建筑	—	—	—	1 铂金级	1 铂金级
	太阳光伏发电	3	2 公共建筑 1 居住建筑	1 金级	—	1 铂金级	1 铂金级	2 铂金级 1 金级
	建筑设备监控系统	1	1 公共建筑	—	—	—	1 铂金级	1 铂金级
	建筑能效监控系统	1	1 公共建筑	—	—	—	1 铂金级	1 铂金级
	信息发布平台	13	13 居住建筑	2 金级	8 金级	1 金级	2 金级	13 金级
	设备视频车位探测器	3	3 公共建筑	—	1 金级	—	1 铂金级 1 金级	1 铂金级 2 金级
	反向寻车找车机	2	2 公共建筑	—	1 金级	—	1 金级	2 金级
	导光筒	1	1 公共建筑	—	—	1 金级	—	1 金级
	节能变压器	38	1 公共建筑 37 居住建筑	5 金级 3 银级	2 铂金级 20 金级	8 金级	—	2 铂金级 33 金级 3 银级
	家居安防系统	4	4 居住建筑	1 金级	—	1 金级	2 金级	4 金级
暖通空调	空调新风全热交换技术	2	1 公共建筑 1 居住建筑	—	—	—	2 金级	2 金级
	窗/墙式通风器	49	1 公共建筑 48 居住建筑	6 金级	2 铂金级 23 金级	6 金级	6 金级 6 银级	2 铂金级 41 金级 6 银级
	新风系统	5	1 公共建筑 2 居住建筑 2 混合建筑	1 铂金级 4 金级	—	—	—	1 铂金级 4 金级
	幕墙通风杆件	1	1 公共建筑	1 铂金级	—	—	—	1 铂金级

续表

技术类型	技术名称	应用频次	建筑类型	2020年完成	2019年完成	2018年完成	2017年完成	对应等级
暖通空调	冷热源机组能效	2	1公共建筑 1居住建筑	2铂金级	—	—	—	2铂金级
	暖通空调系统	1	1公共建筑	1金级	—	—	—	1金级
	排风热回收	3	3公共建筑	—	1金级	—	2金级	3金级
	水蓄冷系统	1	1公共建筑	1金级	—	—	—	1金级
	江水源热泵系统	2	2公共建筑	—	1金级	—	1金级	2金级
	高能效冷热源输配系统	2	1公共建筑 1居住建筑	—	—	1铂金级	1铂金级	2铂金级
	地源热泵系统	2	2公共建筑	—	—	—	2铂金级	2铂金级
	户式新风系统	19	19居住建筑	3金级	4金级	7金级	5金级	19金级
	高能效空调机组	1	1公共建筑	—	—	1铂金级	—	1铂金级
	高效燃气地暖炉	1	1居住建筑	—	—	1铂金级	—	1铂金级
	双速风机	1	1居住建筑	—	—	1金级	—	1金级
	风机盘管	2	2公共建筑	—	1金级	—	1金级	2金级
景观绿化	绿化遮阴	13	13居住建筑	2金级	1铂金级 2金级	1金级	5金级 1银级	1铂金级 10金级 2银级
	活动外遮阳	6	5公共建筑 1居住建筑	4铂金级	1金级	—	1金级	4铂金级 2金级
	景观布置	—						
	屋顶绿化	6	4公共建筑 2居住建筑	1金级	1金级 1银级	—	3金级	5金级 1银级
	透明部分可调外遮阳	1	1公共建筑	—	—	1铂金级	—	1铂金级
	室外透水铺装	51	1公共建筑 49居住建筑 1工业建筑	4金级	3铂金级 23金级	11金级 1银级	6金级 3银级	3铂金级 44金级 4银级
	堡坎边坡垂直绿化	1	1公共建筑	1金级	—	—	—	1金级
	可调节遮阳	1	1居住建筑	1金级	—	—	—	1金级
	绿化方式与植物/景观深化设计	1	1居住建筑	1金级	—	—	—	1金级
	透水铺装	7	7居住建筑	6金级 1银级	—	—	—	6金级 1银级
	绿化灌溉	12	1公共建筑 9居住建筑 2混合建筑	9金级 3银级	—	—	—	9金级 3银级
建筑规划	外窗开启面积	6	6居住建筑	—	1金级	1金级	4金级	6金级
	土建装修一体化	1	1公共建筑	1铂金级	—	—	—	1铂金级
结构	幕墙保温隔热	4	3公共建筑 1居住建筑	—	1银级	—	1铂金级 2金级 1银级	1铂金级 2金级 1银级
	三层幕墙	1	1公共建筑	—	—	—	1金级	1金级

续表

技术类型	技术名称	应用频次	建筑类型	2020 年完成	2019 年完成	2018 年完成	2017 年完成	对应等级
结构	高反射内遮阳	1	1 公共建筑	—	—	—	1 铂金级	1 铂金级
	可重复使用的隔墙	1	1 公共建筑	—	—	1 铂金级	—	1 铂金级
	车库/地下室采光措施	1	1 居住建筑	—	—	1 金级	—	1 金级
	三银级玻璃	1	1 公共建筑	—	—	—	1 铂金级	1 铂金级
	高耐久混合建筑凝土	22	1 公共建筑 21 居住建筑	1 金级	12 金级	2 金级	1 铂金级 6 金级	1 铂金级 21 金级
	外墙和屋面节能提升	1	1 公共建筑	1 铂金级	—	—	—	1 铂金级
	灵活隔断	1	1 公共建筑	1 铂金级	—	—	—	1 铂金级
	钢结构	1	1 公共建筑	1 金级	—	—	—	1 金级
	充氩气玻璃幕墙	2	2 公共建筑	1 铂金级 1 金级	—	—	—	1 铂金级 1 金级
	预拌砂浆	9	5 公共建筑 4 居住建筑	4 铂金级 2 金级	—	1 铂金级 1 金级	1 金级	5 铂金级 4 金级
声光环境	新型降噪管	1	居住建筑	—	—	1 金级	—	1 金级
	光导管采光技术	3	2 公共建筑 1 居住建筑	—	—	—	2 铂金级 1 金级	2 铂金级 1 金级
	构件隔声性能	2	2 公共建筑	1 铂金级 1 金级	—	—	—	1 铂金级 1 金级
空气质量	一氧化碳监测装置	26	13 公共建筑 13 居住建筑	3 铂金级	1 铂金级 2 金级	1 金级	2 铂金级 13 金级 4 银级	6 铂金级 16 金级 4 银级
	空气污染物浓度监测	1	1 公共建筑	1 金级	—	—	—	1 金级
	CO 浓度监测器	3	3 居住建筑	3 金级	—	—	—	3 金级
	室内 CO_2 监测系统	13	2 公共建筑 11 居住建筑	—	—	11 金级	1 铂金级 1 金级	1 铂金级 12 金级
	室内 CO 监测系统	6	1 公共建筑 5 居住建筑	1 铂金级 5 金级	—	—	—	1 铂金级 5 金级
	IAQ 监控	1	1 公共建筑	1 金级	—	—	—	1 金级
	空气质量监控系统	13	13 公共建筑	6 铂金级 1 金级	1 铂金级 1 银级	1 铂金级	3 金级	8 铂金级 4 金级 1 银级
	氡浓度检测	2	2 公共建筑	2 金级	—	—	—	2 金级

1.4.2　绿色建筑评价标识项目主要技术投资增量统计

根据申报项目自评估报告中的数据信息，通过统计梳理，2020 年技术投资增量数据见表 1.7。

表 1.7　2020 年技术投资增量数据

专业	实现绿色建筑采取的措施	增量总额/万元	对应等级
专项费用	绿色建筑专项实施	90.00	铂金级
	BIM 设计	177.56	铂金级/金级
节水与水资源	雨水收集利用系统	1760.89	铂金级/金级/银级
	灌溉系统	1585.93	铂金级/金级/银级
	分级分项计量	3.56	金级
	雨水中水利用	702.40	铂金级/金级
	车库隔油池	66.00	金级
	节水器具	408.55	铂金级/金级
	公共浴室节水	23.83	金级
	建筑 BA 系统	153.10	金级
	BAS 楼宇智控系统	340.00	金级
	能耗监测系统	90.00	金级
	餐厨垃圾生化处理系统	60.00	铂金级
	双分类垃圾箱	30.00	金级
	水蓄冷系统	3000.00	金级
	智能水计量系统	10.00	金级
	超压出流/减压阀	16.00	金级
电气	节能照明	1560.21	铂金级/金级/银级
	导光筒	148.00	金级
	电扶梯节能控制措施	1235.00	金级
	高效节能灯具	9.48	金级
	家居安防系统	47.60	金级
	智能化系统	1787.04	铂金级/金级
	节能型电气设备	489.90	铂金级/金级
	热电设备	516.00	铂金级
	太阳能发电系统	36.45	金级
	太阳能灯具	1.62	金级
	智能控制照明	50.00	金级
	信息发布平台	11.00	金级
	节能变压器	403.80	金级/银级

续表

专业	实现绿色建筑采取的措施	增量总额/万元	对应等级
电气	窗/墙式通风器	1959.75	金级/银级
	新风系统	1325.39	铂金级/金级
	户式新风系统	576.84	金级
	幕墙通风杆件	170.40	铂金级
	冷热源机组能效	740.00	铂金级
	暖通空调系统	847.88	金级
景观绿化	绿化遮阴	41.01	金级
	屋顶绿化	2300.19	金级
	堡坎边坡垂直绿化	10.00	金级
	活动外遮阳	2125.00	铂金级
	土壤湿度感应器	2.40	金级
	室外透水铺装	483.39	金级/银级
建筑规划	土建装修一体化	221.08	铂金级
	充氩气玻璃幕墙	99.80	铂金级
结构	高耐久混凝土	219.76	金级
	预拌砂浆	2274.53	铂金级/金级
	构件隔声性能	122.12	铂金级/金级
	外墙和屋面节能提升	56.80	铂金级
	灵活隔断	387.00	铂金级
	环境噪声控制	98.14	金级
空气质量	一氧化碳监测装置	18.43	铂金级
	室内 CO_2 监测系统	154.59	铂金级/金级
	氡浓度检测	0.43	金级
	空气质量监控系统	715.75	铂金级/金级

1.4.3　项目平均增量成本统计

按项目评价等级排序,各项目的平均增量成本详细情况见表 1.8～表 1.10。

表 1.8　银级项目的平均增量成本的详细情况

序号	绿色建筑等级	项目名称	项目建筑面积/m²	增量总额/万元	增量成本/(元/m²)	建筑类型
1	银级	忠县恒大悦珑湾一期	397468.05	1072.34	26.98	居住建筑
2	银级	恒大国际文化城 A 区 1 号地块(A13 号～A26 号、A1 号车库)	218122.58	561.5	25.66	居住建筑
3	银级	恒大国际文化城 A 区 1 号地块(A110 号～A239 号、A5 号车库)	219693.74	776.13	35.32	居住建筑

表 1.9　金级项目的平均增量成本的详细情况

序号	绿色建筑等级	项目名称	项目建筑面积/m²	增量总额/万元	增量成本元/(元/m²)	建筑类型
1	金级	重庆江北国际机场东航站区及第三跑道建设工程新建 T3A 航站楼及综合交通枢纽	778571.22	6678.00	86.59	公共建筑
2	金级	洺悦城	610871.89	2510.25	41.09	居住建筑
3	金级	同原江北鸿恩寺项目三期	411953.74	1459.50	35.43	公共建筑
4	金级	金科照母山项目 B5-1/05 地块二标段工程 1 号楼	104313.55	685.40	56.22	公共建筑
5	金级	重庆市设计院建研楼改造工程	5031.87	211.00	418.00	公共建筑
6	金级	万科园博园项目（一期）	224159.08	1028.56	43.63	居住建筑
7	金级	中央铭著 C77-1/03	163667.14	759.30	30.50	居住建筑
8	金级	中央铭著（C79-1/02、C80-1/02）	225568.58	761.60	35.60	居住建筑
9	金级	中交·锦悦 Q08-2/04 地块项目	160917.08	861.66	53.55	居住建筑
10	金级	重庆大学产业技术研究院一期	135653.31	322.21	23.75	公共建筑
11	金级	茶园 B44-1 项目	221430.94	178.00	13.07	居住建筑
12	金级	茶园组团 B 分区项目 B48-3 地块	200467.17	2340.30	115.60	居住建筑
13	金级	力帆·翡翠郡（三期）	249967.93	206.00	8.24	居住建筑
14	金级	北京城建·龙樾生态城 C29-2/06 地块	34925.94	81.19	23.24	混合建筑
15	金级	北京城建·龙樾生态城 C32/07 地块	72297.88	177.37	18.72	混合建筑
16	金级	恒大绿岛新城 G 组团 19-32 号楼及地下车库	166510.74	361.44	20.82	居住建筑
17	金级	重庆市三峡库区文物修复中心改建项目	3748.39	48.00	128.05	公共建筑
18	金级	两江总部智慧生态城吉田项目	157909.3	1263.27	80.00	公共建筑
19	金级	九鼎花园(温莎公馆)房地产开发项目(居住建筑部分)	218164.05	1415.55	50.39	居住建筑
20	金级	金科·博翠天悦	133200.69	476.71	35.78	居住建筑
21	金级	金科维拉庄园	254067.2	262.87	12.22	居住建筑
22	金级	名流印象 44～54 号楼及地下车库	192368.35	681.50	35.43	居住建筑
23	金级	久桓·中央美地(居住建筑部分)	172829.02	889.70	51.48	居住建筑

表 1.10　铂金级项目的平均增量成本的详细情况

序号	绿色建筑等级	项目名称	项目建筑面积/m²	增量总额/万元	增量成本元/(元/m²)	建筑类型
1	铂金级	渝北区市民服务中心(二期)	50925.32	724.07	141.98	公共建筑
2	铂金级	渝北区市民服务中心(档案馆综合楼)	44760.26	772.60	172.60	公共建筑
3	铂金级	渝北区市民服务中心(行政服务中心)	57738.23	819.96	142.10	公共建筑
4	铂金级	北京城建·龙樾生态城(C43-2/07 地块)幼儿园	3158.33	354.49	1122.41	公共建筑
5	铂金级	金科照母山项目 B5-1/05 地块二标段工程 9 号楼	56843.01	867.40	152.70	公共建筑
6	铂金级	重庆市市政设计研究院研发基地工程	88362.22	1372.76	155.29	公共建筑
7	铂金级	寰宇天下 B03-2 地块	101522.37	1653.00	165.64	居住建筑

作者：重庆市绿色建筑与建筑产业化协会绿色建筑专业委员会　李百战、丁勇、周雪芹
　　　重庆市建设技术发展中心　赵辉、杨修明、冷艳锋、吴俊楠、李丰、田霞、陈进东

第2章 中国城市科学研究会绿色建筑与节能委员会建筑室内环境学组2020年度总结

2.1 自身建设和发展情况

2020年，中国城市科学研究会绿色建筑与节能专业委员会建筑室内环境学组围绕做实做强学组的基本发展思路，在学组活动、科研工作、国际交流、标准编制等方面开展系列卓有成效的活动，现将相关活动总结如下。

中国城市科学研究会绿色建筑与节能专业委员会建筑室内环境学组自2017年重组后，于2019年、2020年先后获得中国城市科学研究会绿色建筑与节能专业委员会2018年度、2019年度先进单位称号(图2.1)，通过学组工作的推动，实现了绿色建筑发展理念的国际融合。2019年，学组围绕绿色建筑室内环境营造、标准编制、课题研究等方面开展了卓有成效的工作。

图2.1 学组荣获2019年度先进单位殊荣

2.2 标 准 编 制

近几年，国家对团体标准给予大力支持，特别是新修订后《中华人民共和国标准化法》的实施，赋予了团体标准的法律地位。按照中国质量检验协会下达的任务通知，2020年学组单位参与编制了系列标准,其中《办公建筑室内环境技术标准》《长江流域低能耗居住建筑技术标准》《负离子空气净化装置》《空气用化学过滤器》《便携式甲醛检测仪》《室内环境舒适度检测仪》《中小学教室照明改造工程技术规范》《空气离子检测仪》《绿色轨道交通车辆段(带上盖物业)污染控制技术》《中小学教室空气质量管理指南》《建筑遮阳热舒适、视觉舒适性性能分级及检测方法》等处于修编、正在报批阶段;《分户新风净化系统》《小型新风系统用风量分配器》《新风净化机》正在征求意见中;《绿色建筑被动式设计导则》《建筑技术概论》《建筑中人员安全防护设计标准》《建筑安全风险分类标准》《装配式装修工程室内环境控制技术规程》《红外热像法检测建筑外墙饰面层粘结缺陷分级与数据处理标准》《建筑通风系统改造用空气净化消毒装置》等标准正在编制中;《住宅建筑通风设计技术标准》《政府投资医院建筑室内装修材料空气污染控制标准》《政府投资学校建筑室内装修材料空气污染控制标准》《多参数室内环境监测仪器》《既有公共建筑室内环境分级评价标准》《公共建筑能源管理技术规程》《公共建筑机电系统调适技术导则》《绿色建筑检测技术标准》《绿色港口客运站建筑评价标准》等标准已发布。上述标准编制工作将有力促进建筑室内环境的改善提升。

2.3　科　研　情　况

学组单位主持、参与多项国家级科研课题。

(1)主持国家重点研发计划国家质量基础(NQI)专项"燃气轮机空气质量保障关键技术标准及检测体系的建立"项目中"燃气轮机空气质量保障技术标准配套检测装置研制"课题,于 2020 年 1 月份正式开始,旨在建立我国燃气轮机空气过滤器质检标准并研发相应的检测装置,解决我国燃气轮机领域中的"卡脖子"技术难题。

(2)主持国家重点研发计划课题"北方地区大型综合体建筑绿色设计新方法与技术协同优化",研究针对我国大量既有绿色建筑和建筑节能设计中目标和效果不匹配的问题,以北方地区复杂功能的大型综合体建筑为研究对象,采用节能贡献分析的方法对建筑设计参数与节能效果的基本影响规律和量化关系开展大量研究。利用参数化手段搭建基于 Rhino & Grasshopper 的建筑性能仿真优化工具,实现了建筑多性能的联动仿真及多目标优化过程。

(3)负责国家"十三五"科技支撑课题大气污染治理专项"室内典型化学污染物和颗粒物实时检测技术与器件研制"课题中的子课题"建立标准尘源",于 2020 年底基本完成结题工作。

(4)负责"十三五"国家重点研发计划项目"绿色建筑及建筑工业化"专项"居住建筑室内通风策略与室内空气质量营造"课题 4"节能、经济、适用的通风及空气质量控制方法和技术"、课题 5"住宅通风和空气净化过滤技术实施及效果评测",于 2020 年 10 月验收。

(5)负责"十三五"国家重点研发计划课题"既有公共建筑室内物理环境改善关键技术研究与示范"(课题编号:2016YFC0700705),于 2020 年 6 月验收。

(6)负责"十三五"国家重点研发计划项目"长江流域建筑供暖空调解决方案和相应系统"(项目编号：2016YFC0700300)。

(7)负责"十三五"国家重点研发计划课题"基于能耗限额的建筑室内热环境定量需求及节能技术路径"(课题编号：2016YFC0700301)。

(8)负责"十三五"国家重点研发计划课题"建筑室内空气质量运维共性关键技术研究"(课题编号：2017YFC0702704)。

(9)负责"十三五"国家重点研发计划子课题"舒适高效供暖空调统一末端关键技术研究"(子课题编号：2016YFC0700303-2)。

(10)负责"十三五"国家重点研发计划子课题"建筑热环境营造技术集成方法研究"(子课题编号：2016YFC0700306-3)。

(11)负责"十三五"国家重点研发计划子课题"绿色建筑立体绿化和地道风技术适应性研究"。

(12)负责"十三五"国家重点研发计划子课题"建筑室内空气质量与能耗的耦合关系研究"(子课题编号：2017YFC0702703-05)。

2.4 会 议 交 流

2020 年，学组单位与各级政府相关部门、科研院所、大专院校、检测机构、媒体保持紧密合作，为行业发展提供技术交流、平台合作等服务。

2020 年 1 月 8 日，第七届中国空气净化行业发展高峰论坛在中国建筑科学研究院顺利召开(图 2.2)。

图 2.2　2020 年第七届中国空气净化行业发展高峰论坛召开

2020 年 8 月 31 日，第四届新风净化行业国际发展论坛暨中外"新材料 新技术 新产品"交流研讨会在上海国家会展中心(虹桥)隆重召开(图 2.3)。

图 2.3　第四届新风净化行业国际发展论坛暨中外"新材料 新技术 新产品"交流研讨会现场

　　2020 年 9 月 11 日,空调通风系统净化与消毒研讨会在中国建筑科学研究院顺利召开(图 2.4)。

图 2.4　空调通风系统净化与消毒研讨会现场

　　2020 年 9 月 18 日,公共卫生安全与疫情防控研讨会在北京维景国际大酒店顺利召开(图 2.5)。

图 2.5　公共卫生安全与疫情防控研讨会现场

2020 年 11 月 18~20 日，以"打赢蓝天保卫战，深化 VOCs 污染防治——精准、科学、依法治污"为主题的"2020 全国挥发性有机物(VOCs)污染防治科技大会暨技术装备博览会"在河北省石家庄市国际会展中心隆重举行。2020 年 11 月 19 日，作为本次大会唯一一场与室内环境相关的论坛——绿色健康人居发展高峰论坛圆满召开(图 2.6)。

图 2.6　绿色健康人居发展高峰论坛现场

2020 年 11 月 27 日，中国新风科技发展研讨会在余姚隆重召开(图 2.7)。本次会议中，很多专家和企业家就新风净化的研究成果和新技术、新产品进行了深入的研讨，这也是我们为抗击新冠肺炎疫情贡献的微薄之力。大家集思广益，共克时艰、共赢未来！

图 2.7　中国新风科技发展研讨会现场

图 2.7　中国新风科技发展研讨会现场(续)

受疫情影响,从 2020 年 2 月份开始,筹划了线上的各类活动。

2020 年 2 月 18 日,第四届中德新风高峰(在线)论坛在新浪平台全程直播。本届论坛以"健康呼吸　新风战疫"为主题,汇聚中德两国专家,关注呼吸健康,交流新风在疫情防控中的新作用,探讨新风在家庭使用中的新场景,启迪新风变革中的新思路,展望新风未来发展的新方向(图 2.8)。

图 2.8　第四届中德新风高峰(在线)论坛

2020 年 3 月 19 日,疫情下新风净化行业发展(线上)高峰论坛顺利召开!此次论坛主题为"同心抗疫　共筑未来",行业专家、企业家共聚一堂,从不同层面解读疫情下行业发展,启迪变革新思路(图 2.9)。

图 2.9　疫情下新风净化行业发展(线上)高峰论坛

2020 年 4 月 27 日，在"引领健康呼吸 共筑安全人居"中国首届房地产新风系统(在线)论坛上，与新浪家居、奥维云网等权威机构联合启动《后疫情时代中国安全人居需求》白皮书(图 2.10)。

图 2.10　"引领健康呼吸 共筑安全人居"中国首届房地产新风系统(在线)论坛

2020 年 5~8 月，《新风大讲堂》系列节目播出，受到了行业的高度关注，内容涉及"疫情期间，空调怎么开""新风系统在学校中的应用""新风净化系统在医院中的应用""聚焦轨道交通空气质量问题""新风净化系统在居住建筑中的应用""关注产品质量 提升企业自信""疫情常态化，室内环境改善与控制技术"等主题(图 2.11)。

近几年，根据行业发展需求，学组单位及时编制和完善行业相关标准，积极助力行业发展。截至 2020 年 12 月，已发布实施 17 项标准。为了更好地促进标准实施和应用，2020 年 5 月起，标准主编单位开始对行业系列标准进行宣贯和解读，通过线上的方式，陆续对《车载空气净化器》(T/CAQI 66—2019)、《新风净化机》(T/CAQI 10—2016)、《商用空气净化器》(T/CAQI 9—2016)、《商用油烟净化器》(T/CAQI 67—2019)、《电动防霾口罩》(T/CAQI 63—2019)标准进行解读分享(图 2.12)。

图 2.11　《新风大讲堂》系列节目播出

图 2.12　行业系列标准解读

　　大力发展低碳建筑是符合国际可持续理念与绿色建筑发展方向的工作，未来我们将继续致力于提供建筑环境优化领域的整体解决方案和新型节能环保技术的推广应用，以领先的技术服务市场，创造更大的社会价值。

　　2020 年 11 月 13 日，中国建筑节能协会年会暨第三届全国建筑节能及绿色建筑技术创新大会会议"南方地区清洁取暖"论坛在厦门组织召开，论坛由学组单位重庆大学组织（图 2.13）。

　　2020 年 12 月 5 日下午，2020 年中国城市科学研究会绿色建筑与节能委员会建筑室内环境学组年度会议在重庆组织召开（图 2.14）。鉴于特殊时期的情况，本次学组年度会议，采用了线下线上同步进行的形式。会议上，学组组长重庆大学李百战教授在会议的欢迎辞中，提到中国城市科学研究会绿色建筑与节能委员会建筑室内环境学组是紧密结合国家科技发展需求、结合国家科技研发计划、切实将科研成果予以转化、实现产学研一体化发展的学组。中国城市科学研究会绿色建筑与节能委员会副秘书长常卫华在致辞中对学组的工作予以肯定，对学组未来的工作提出了要求和希望。学组副组长林波荣教授、王怡教授分别对学组工作的开展进行了介绍。会议上，中国城市建设研究院建筑院郝军院长结合当前

图 2.13　"南方地区清洁取暖"论坛现场

图 2.14　建筑室内环境学组 2020 年度会议现场

"十三五"项目绩效评价的主要要求、专家组成、特点亮点要求、财务要求等内容进行了介绍，湖南大学李念平教授针对"十三五"项目示范工程实施要点和问题进行了分析，江苏省绿色建筑产业技术研究院林常青总经理对"十三五"项目开展过程中的实施现状和初步成果进行了介绍，与会人员针对专家报告进行了会议讨论。学组秘书长重庆大学丁勇教授对学组 2020 年工作进行了介绍，并针对 2021 年学组工作进行了部署，提出了进一步扩大学组成员、强化学组交流、加强学组建设的未来工作方向。

2.5　工作亮点

(1)紧密结合国家科技发展需求，结合国家科技研发计划开展，切实将科研成果予以转化，实现了产学研一体化发展。

(2)积极开展国际国内交流，引进资源扩大合作，实现了绿色建筑发展理念的国际融合。

(3)紧密结合地方建设行政主管部门与建设行业的需求，切实发挥管理、技术各个层面的支撑作用，实现了行业社会团体作用的有的放矢，服务地方行业产业发展。

2.6　2021 年工作计划

(1)组织结构方面，适当扩大规模，充分考虑各专业、行业、地域的特点，广泛吸纳室内环境相关领域专家。

(2)强化学组成员单位间交流，以标准编制、学术活动等为契机，加强沟通互动。

(3)充分发挥专家资源，做好技术交流，共同推进、丰富学组的活动。

(4)进一步整理形成相关章程，明确学组的组织构架和成员的权利义务等事项。

(5)广泛开展国内外交流，加强绿色建筑国际化交流与互访。

(6)持续推进绿色建筑行业发展，根据中国城市科学研究会绿色建筑委员会的工作要求，与各成员单位配合，推进中国城市科学研究会绿色建筑委员会建筑室内环境学组建设。

第3章 绿色建材工作总结

3.1 绿色建材评价标识工作

2020年在重庆市住房和城乡建设委员会统一部署下，按照《重庆市绿色建材评价标识管理办法》《绿色建材分类评价技术导则—预拌混凝土》《绿色建材分类评价技术细则—预拌混凝土》《绿色建材分类评价技术导则—无机保温板材》及《绿色建材分类评价技术细则—无机保温板材》的要求，重庆市绿色建筑与建筑产业化协会对企业申报预拌混凝土、无机保温板材的有关环境保护、人体健康保护、能源利用、资源利用、产品性能和企业创新能力等内容进行评审，确定是否符合评价要求，根据技术细则进行评分，并出具评审意见，结合疫情期间情况，评审采取网络直播或实地审查等方式查看企业工厂现场情况。

目前协会共评价21家企业，预拌混凝土13家，无机保温板材8家。其中，金级（二星级）11项，铂金级（三星级）10项。上报全国绿色建材评价标识管理信息平台并获得标识证书项目18项。

3.2 绿色建材应用比例核算工作

为了贯彻落实《市场监管总局办公厅 住房和城乡建设部办公厅 工业和信息化部办公厅关于印发绿色建材产品认证实施方案的通知》（市监认证〔2019〕61号）和《重庆市住房和城乡建设委员会关于推进绿色建筑高品质高质量发展的意见》（渝建发〔2019〕23号），大力推动绿色建材规模化和规范化应用，切实保障重庆市绿色建筑和绿色生态住宅小区实施质量，依据国家《绿色建筑评价标准》（GB/T 50378—2019）和重庆市《绿色建筑评价标准》（DBJ50/T-066—2020）、《绿色生态住宅（绿色建筑）小区建设技术标准》（DBJ50/T-039—2020）、《公共建筑节能（绿色建筑）设计标准》（DBJ50-052—2020）和《居住建筑节能65%（绿色建筑）设计标准》（DBJ50-071—2020）的规定，加快推进重庆市绿色建材推广应用工作，规范重庆市民用建筑工程绿色建材应用比例核算方法，编制组经广泛调查研究，完成编制《重庆市民用建筑工程绿色建材应用比例核算技术细则（征求意见稿）》工作，对40万平方米左右建筑工程项目进行了核算，其中绿色建材应用比例达85%以上。

3.3 绿色建材动员会

为推动绿色建材产业化向规模化、现代化、智能化和标准化方向转型升级，努力将重庆市绿色建材产业打造成为推动长江经济带高质量绿色发展的重要着力点，2020年11月

20 日协会召开了装配式隔墙板绿色建材动员会，参会企业 18 家，各参会企业纷纷表示将积极参加绿色建材评价标识工作，协会也将积极为会员单位做好相关帮扶工作，帮助会员企业提高对绿色建材政策的理解和参与，推动绿色建材的生产和应用。

3.4 　2020 年区县绿色建筑专项培训

为深入贯彻习近平生态文明思想，着力实施生态优先绿色发展行动计划，促进住房城乡建设领域高质量绿色发展，引导建筑产业化与绿色建筑深度融合，推动绿色建筑相关标准严格执行，提升全区绿色建筑实施能力，努力在推进长江经济带绿色发展中发挥示范作用，根据《2020 年绿色建筑与建筑节能工作要点》（渝绿色建筑〔2020〕2 号）精神，贯彻落实《重庆市住房和城乡建设委员会关于做好 2020 年度绿色建筑与建筑节能专项培训工作的通知》（渝建绿色建筑〔2020〕15 号）文件要求，2020 年 9 月至 2020 年 11 月，协会举办了两场市级专家培训，与两江新区、巴南区、江津区、渝北区、大足区、经开区、高新区、丰都县、九龙坡区等区县住房和城乡建设委员会联合举办了 9 场区县培训，累计培训 11 场，参与培训 2316 人次，参培学员覆盖在建项目 663 个，包括主管部门管理人员 46人、设计单位 69 家、149 人，建设单位 340 家、508 人，施工单位 626 家、1210 人，监理单位 326 家、471 人，绿色建材企业 18 家、65 人。

2020 年度培训从三个方面向参培学员们送去知识。一是宣贯绿色建筑政策，邀请了重庆市住房和城乡建设委员会设计与绿色建筑发展处相关领导就重庆市绿色建筑高品质高质量发要求进行宣贯；二是提升绿色建筑工程质量，邀请了重庆市绿色建筑行业资深专家，从《公共建筑节能(绿色建筑)设计标准》《居住建筑节能 65%(绿色建筑)设计标准》、绿色建筑产业化技术应用专篇(非砌筑内隔墙+预制装配式楼板)、建筑产业化技术措施应用管理要求(设计、成本控制、施工期间注意事项)、填充墙砌体自保温系统设计与应用、海绵城市建设介绍、防水系统与保温隔声材料相关技术应用、建筑声学设计标准要求及应对策略、重庆市绿色建材推广应用管理要求和绿色建筑与节能检测工作要求、装配式建筑施工组织、安全管理及成本控制等 10 个方面的内容进行授课；三是推动绿色建材产品技术应用，邀请了预制装配式楼板、内隔墙板、建筑保温、建筑防水、建筑门窗及部品、部件、智能化、建筑声学等 6 个绿色建材行业的企业在培训现场设置了技术产品展示区，与参培人员进行技术交流和经验分享。

2020 年度绿色建筑专项培训的成功举办得到了建设管理部门和学员们的一致好评，认为培训不仅给大家带来了政策、技术、产品等方面的知识，同时增强了学员自身业务能力，对提高重庆市从业人员专业水平，提升绿色建筑工程质量具有重要意义，协会将继续做好专项培训工作，为行业发展作贡献。

3.5 　中国建筑标准设计研究院有限公司认证中心重庆中心

为了进一步推动重庆市绿色建材认证和推广应用工作，中国建筑标准设计研究院有限公司以重庆市绿色建筑与建筑产业化协会为行业依托，于 2020 年 12 月 27 日设立了中国建筑标准设计研究院有限公司认证中心重庆中心。

中国建筑标准设计研究院有限公司隶属于中国建设科技集团股份有限公司，创建于 1956 年。2010 年 11 月，中国建筑标准设计研究院有限公司获得中国国家认证认可监督管理委员会颁发的《认证机构批准书》，批准号为 CNCA-R-2010-156 ，成为具有独立法人地位的第三方认证机构(简称 CBSC)。中国建筑标准设计研究院有限公司认证中心作为从事认证工作的实体，按照国家法律、法规以及认可准则的要求开展自愿性产品认证及服务认证工作。重庆市绿色建筑与建筑产业化协会是经重庆市民政局批准成立，接受重庆市住房和城乡建设委员会业务指导的省级协会，拥有会员单位 500 余家。2016 年以来，协会作为重庆市绿色建材评价机构，开展预拌混凝土、建筑砌块(砖)、无机保温板、建筑门窗、玻璃、防水及密封材料等绿色建材评价百余项。

中国建筑标准设计研究院有限公司和重庆市绿色建筑与建筑产业化协会强强联合，设立中国建筑标准设计研究院有限公司认证中心重庆中心，将推动重庆地区绿色产品认证、自愿性产品认证和服务认证及绿色建材评价转认证的工作，促进获得认证产品在重庆区域内工程建设项目的应用与采信，也将更好地为会员企业服务。

作者：重庆市绿色建筑与建筑产业化协会　陈琼、刘浩、黄遥、邓骏、凡秋明、龙丽莉、王华夏、张严齐

第4章 重庆市绿色建筑与建筑产业化协会 绿色建筑专业委员会发展十年历程

4.1 重庆简介

重庆地处中国内陆西南部，是长江上游地区的经济、金融、科创、航运和商贸物流中心，国家物流枢纽，西部大开发重要的战略支点、"一带一路"和长江经济带重要联结点以及内陆开放高地、山清水秀的美丽之地。重庆是国务院批复确定的中国重要的中心城市之一、长江上游地区经济中心、国家重要的现代制造业基地、西南地区综合交通枢纽，总面积 8.24 万 km^2，辖 26 个区、8 个县、4 个自治县，常住人口 3124.32 万人，城镇人口 2086.99 万人，常住外来人口达 167.65 万人。

4.2 重庆市绿色建筑与建筑产业化协会绿色建筑专业委员会简介

重庆市绿色建筑与建筑产业化协会绿色建筑专业委员会，前身为重庆市建筑节能协会绿色建筑专业委员会，是受中国城市科学研究会绿色建筑与节能专业委员会(又称中国城科会绿色建筑委员会)委托，经重庆市住房和城乡建设委员会、重庆市民政局批准成立的，致力于推动绿色建筑发展的地方社会团体分支机构，是中国城科会绿色建筑委员会在重庆的唯一分支机构。

2009 年 7 月，经重庆市建设委员会、重庆市民政局批准，重庆市建筑节能协会绿色建筑专业委员会(以下简称专委会)正式成立(图 4.1)。自成立之日起，专委会持续积极地投身于推进绿色建筑理论研究与学术交流、开展绿色建筑宣传培训等工作中，不断强化自身学习、提升自身能力建设，配合开展了重庆市绿色建筑评价标识，国家、地方标准宣贯培训，国际、国内会议组织、主办，绿色建筑相关标准、细则编写，年度报告编写、出版，交流研讨与技术推广，相关科学研究等工作，为重庆市绿色建筑的发展做出了积极的贡献。

截至 2020 年，已组织编制完成重庆市《绿色建筑评价标准》(DBJT50-066—2014)、《绿色建筑评价标准》(DBJ50/T-066—2020)、《重庆市绿色建筑评价技术指南》《重庆市绿色建筑评价标准技术细则》；组织编写发布《重庆市建筑绿色化发展年度报告》(2016 年、2017 年、2018 年、2019 年)；组织完成通过标识认证的项目共计 213 个项目，总面积 4788.69m²，按建筑类型分公共建筑项目 80 个，居住建筑项目 131 个，混合建筑项目 2 个；按星级分三星级项目 18 个，二星级项目 144 个，一星级项目 51 个；按阶段分设计项目 176 个，竣工项目 30 个，运行项目 7 个。

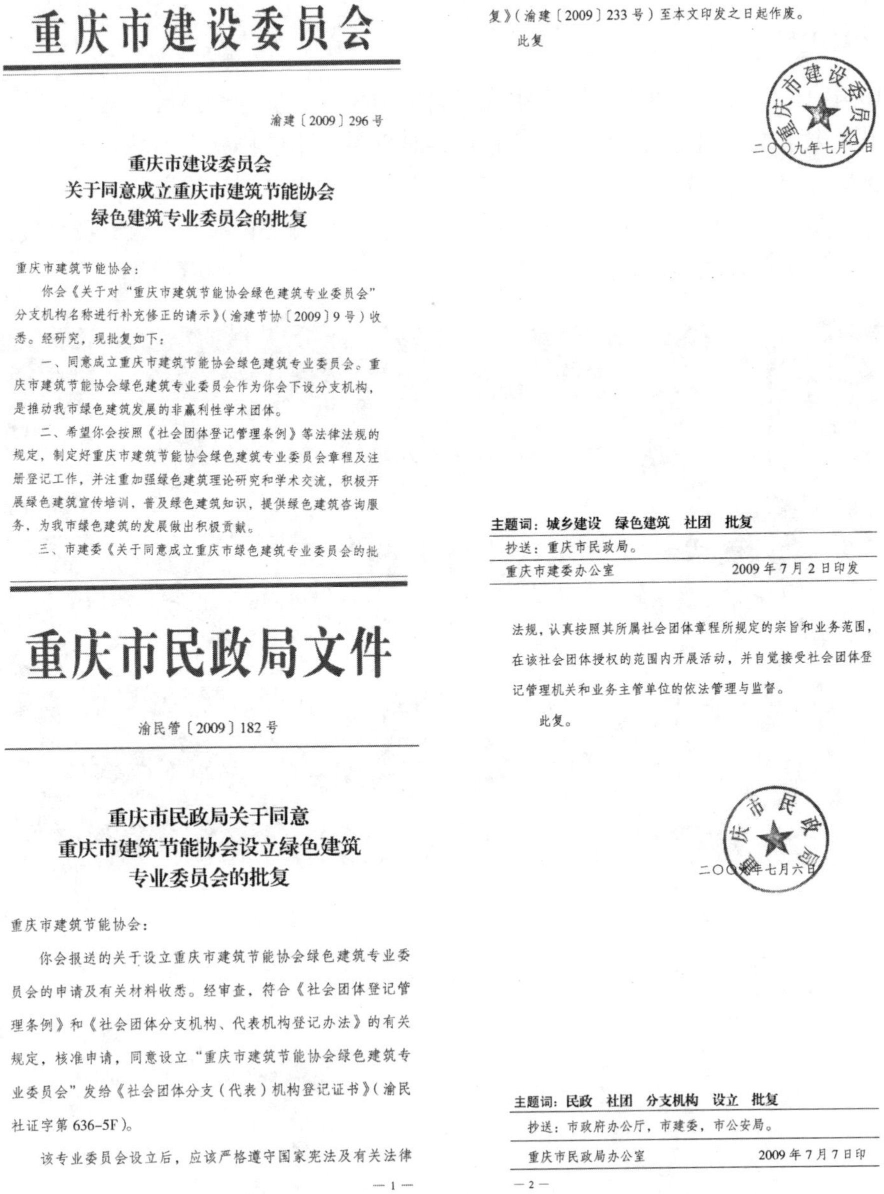

重庆市建设委员会

渝建〔2009〕296 号

重庆市建设委员会
关于同意成立重庆市建筑节能协会
绿色建筑专业委员会的批复

重庆市建筑节能协会：

你会《关于对"重庆市建筑节能协会绿色建筑专业委员会"分支机构名称进行补充修正的请示》（渝建节协〔2009〕9 号）收悉。经研究，现批复如下：

一、同意成立重庆市建筑节能协会绿色建筑专业委员会。重庆市建筑节能协会绿色建筑专业委员会作为你会下设分支机构，是推动我市绿色建筑发展的非赢利性学术团体。

二、希望你会按照《社会团体登记管理条例》等法律法规的规定，制定好重庆市建筑节能协会绿色建筑专业委员会章程及注册登记工作，并注重加强绿色建筑理论研究和学术交流，积极开展绿色建筑宣传培训，普及绿色建筑知识，提供绿色建筑咨询服务，为我市绿色建筑的发展做出积极贡献。

三、市建委《关于同意成立重庆市绿色建筑专业委员会的批

复》（渝建〔2009〕233 号）至本文印发之日起作废。

此复

二〇〇九年七月二日

| 主题词： | 城乡建设 | 绿色建筑 | 社团 | 批复 |

抄送：重庆市民政局。

重庆市建委办公室　　　　　　　　2009 年 7 月 2 日印发

— 1 —

重庆市民政局文件

渝民管〔2009〕182 号

重庆市民政局关于同意
重庆市建筑节能协会设立绿色建筑
专业委员会的批复

重庆市建筑节能协会：

你会报送的关于设立重庆市建筑节能协会绿色建筑专业委员会的申请及有关材料收悉。经审查，符合《社会团体登记管理条例》和《社会团体分支机构、代表机构登记办法》的有关规定，核准申请，同意设立"重庆市建筑节能协会绿色建筑专业委员会"发给《社会团体分支（代表）机构登记证书》（渝民社证字第 636-5F）。

该专业委员会设立后，应该严格遵守国家宪法及有关法律

法规，认真按照其所属社会团体章程所规定的宗旨和业务范围，在该社会团体授权的范围内开展活动，并自觉接受社会团体登记管理机关和业务主管单位的依法管理与监督。

此复。

二〇〇九年七月六日

| 主题词： | 民政 | 社团 | 分支机构 | 设立 | 批复 |

抄送：市政府办公厅，市建委，市公安局。

重庆市民政局办公室　　　　　　　　2009 年 7 月 7 日印

— 2 —

图 4.1　重庆市绿色建筑节能协会绿色建筑专业委员会成立批复文件

4.3　发 展 历 程

1. 2009 年

2009 年 7 月，重庆市建设委员会、重庆市民政局正式批准成立重庆市建筑节能协会绿色建筑专业委员会。

2. 2010 年

2010 年 12 月 5 日，重庆市绿色建筑节能协会绿色建筑专业委员会正式挂牌成立，时任重庆市人大常委会副主任王洪华发来贺信，时任重庆市政协副主席陈万志、住房和城乡建设部建筑节能与科技司副司长韩爱兴、重庆市人大常委会城环委主任姚代云、中国城科会绿色建筑委员会主任王有为、重庆市城乡建设委员会总工程师、党组成员吴波，重庆市民政局民间组织管理局副局长彭林等领导出席成立仪式(图 4.2 和图 4.3)。

图 4.2　重庆市绿色建筑节能协会绿色建筑专业委员会正式挂牌成立合影

图 4.3　重庆市绿色建筑节能协会绿色建筑专业委员会授牌合影

建设并开通重庆市绿色建筑节能协会绿色建筑专业委员会官方网站，www.cqgbc.org。

3. 2011 年

2011 年 3 月，完成重庆市绿色建筑评价标识组织工作，发布《重庆市绿色建筑评价标识申报办事指南》，确定了重庆市绿色建筑设计评价标识、竣工评价标识、运行评价标识三个阶段。

2011 年 3 月，组织参与中国城科会绿色建筑委员会"夏热冬冷地区绿色建筑联盟"筹备。

2011 年 3 月，重庆市绿色建筑节能协会绿色建筑专业委员会主任委员李百战当选中国城科会绿色建筑委员会副主任委员。

2011 年 4 月，组织召开重庆市绿色建筑评审专家研讨会，宣贯住房和城乡建设部《一二星级绿色建筑评价标识管理办法》（试行）的要求。

2011 年 8 月，重庆市《绿色建筑评价技术细则》通过专家审查并发布。

2011 年 8 月，重庆市第一个"绿色建筑设计评价标识"项目"江北嘴金融城 2 号"通过评审，开启了重庆市绿色建筑评价标识篇章。

2011 年 10 月，重庆市绿色建筑评价标识专项培训会组织召开。

4. 2012 年

2012 年 1 月，2012 年重庆市绿色建筑评价标准体系专家研讨会组织召开。

2012 年 3 月，发布《关于开展绿色建筑技术咨询机构登记备案的通知》，对绿色建筑咨询机构和开展绿色建筑技术服务的企业单位建立信誉档案管理制度。

2012 年 4 月，重庆市首个申报绿色建筑竣工标识的项目顺利通过专家评审。6 月，重庆市第二个绿色建筑竣工标识的项目通过专家评审。

2012 年 4 月，重庆市绿色建筑评价标准修编讨论会组织召开，同时启动一批相关标准的编制工作。

2012 年 12 月，重庆市第一个最高等级绿色建筑设计标识——铂金级标识项目"重庆轨道交通大竹林车辆段综合楼"通过专家评审。

2012 年 12 月，重庆市第一个绿色居住建筑设计标识项目通过绿色建筑设计标识专家评审。

5. 2013 年

2013 年 1 月，组织召开专委会年终总结大会。

2013 年 3 月，重庆市第一个绿色建筑运行标识项目通过专家评审。

2013 年 4 月，专委会参加第三届"夏热冬冷地区绿色建筑联盟大会"筹备工作会。

2013 年 5 月，开展重庆市绿色建筑与建筑节能培训工作。

2013 年 6 月，组织开展重庆市绿色建筑系列标准编制工作会。

2013 年 7 月，组织编写完成《重庆市绿色建筑技术列表》。

2013 年 10 月，第三届夏热冬冷地区绿色建筑联盟大会、"国际绿色校园联盟"（IGCA）

成立大会在重庆召开。

2013 年 12 月，重庆市《绿色建筑评价标准》(DBJT50-066—2014)完成专家审查并发布。

6. 2014 年

2014 年 3 月，荣获中国绿色建筑与节能委员会 2013 年度先进单位表彰。

2014 年 3 月，西南地区绿色建筑基地在北京国际会议中心正式授牌成立。

2014 年 3 月，组织参展"第十届国际绿色建筑与建筑节能大会暨新技术与产品博览会"。

2014 年 7 月，发布西南地区绿色建筑基地建设制度。

2014 年 8 月，重庆市《绿色建筑评价标准》(DBJT50-066—2014)宣贯培训会召开。

2014 年 8 月，组织召开西南地区绿色建筑基地交流会，明确了各基地成员单位建设工作内容与分工、基地运行机制，基地建设工作正式进入实质建设阶段。

2014 年 9 月，完成绿色咨询专家库认定工作。

2014 年 11 月，发布西南地区绿色建筑基地开展分部建设的通知。

2014 年 11 月，组织完成重庆市《绿色建筑评价标准》(DBJT50-066—2014)评价资料筹备。

荣获 2013 年度中国绿色建筑与节能委员会先进集体。

7. 2015 年

2015 年 1 月，国标《绿色建筑评价标准》(GB50378—2014)西南地区培训会在重庆组织召开。

2015 年 1 月，西南地区绿色建筑基地建设研讨会组织召开。

2015 年 3 月，《重庆市绿色建筑评价技术细则(2015 版)》通过专家审查并发布。

2015 年 3 月，西南地区绿色建筑基地组织参加"第十一届国际绿色建筑与建筑节能大会暨新技术与产品博览会"。

2015 年 4 月，《绿色建筑评价标准》(DBJT50-066—2014)标准解读会组织召开。

2015 年 5 月，重庆市绿色建筑标识培训会召开。

2015 年 5 月，2014 年版重庆市《绿色建筑评价标准》第一个项目通过专家审查。

2015 年 7 月，西南地区绿色建筑基地组织，重庆、四川、贵州、云南四省市的 20 余名代表参加了在英国雷丁大学和剑桥大学隆重召开的第七届"建筑与环境可持续发展国际会议(SuDBE2015)暨中英合作论坛"。

2015 年 12 月，西南地区绿色建筑基地发布首批示范项目和技术内容，完成了西南地区绿色建筑基地首批示范项目展示路线图，推动了绿色建筑示范展示中心的建设。

荣获 2014 年度中国绿色建筑与节能委员会先进集体。

8. 2016 年

2016 年 3 月，组织编写的《重庆市绿色建筑评价标识乡土植物推荐目录》通过专家评审并发布。

2016 年 4 月，首届西南地区建筑绿色化发展研讨会在重庆召开。

2016 年 6 月，重庆市绿色建筑车库标识和既有建筑参评绿色建筑的相关标准执行问题讨论会组织召开。

2016 年 8 月，重庆市绿色建筑室内车库技术要求发布。

2016 年 8 月，我国率先按照绿色建筑标准建设的大型机场类项目——江北国际机场新建 T3A 航站楼及综合交通枢纽通过绿色建筑设计评价专家审查。

2016 年 9 月，西南地区绿色建筑基地组团参加新加坡国际绿色建筑大会。

2016 年 9 月，重庆市建筑节能与绿色建筑咨询专家培训组织召开。

2016 年 10 月，"2016 年西南地区绿色建筑基地工作交流会"在重庆召开。

发布《2016 年重庆市建筑绿色化发展年度报告》。

荣获 2015 年度中国绿色建筑与节能委员会先进集体。

9. 2017 年

2017 年 1 月，2016 年度重庆市绿色建筑专业委员会主任委员总结会议组织召开，会议进行了 2016 年度工作总结、主任委员换届、2017 年工作部署、新一届委员推荐等内容。

2017 年 1 月，发布西南地区绿色建筑基地示范项目和技术内容，完成了西南地区绿色建筑基地示范项目展示路线图，完成绿色建筑示范展示中心、国际交流中心的建设。

2017 年 2 月，重庆瑞丰•鹅岭山项目通过新加坡 Green Mark 白金奖认证。

2017 年 2 月，新加坡建设局绿色建筑代表团到访重庆绿色建筑专委会。

2017 年 3 月，第二届西南地区建筑绿色化发展研讨会召开。

2017 年 4 月，发布重庆市绿色建筑竣工、运行项目现场查勘技术要点。

2017 年 6 月，组织开发重庆市绿色建筑评价标识在线申报评审系统。

2017 年 10 月，重庆市《既有公共建筑绿色改造技术导则》编写启动。

发布《2017 年重庆市建筑绿色化发展年度报告》。

荣获 2016 年度中国绿色建筑与节能委员会先进集体。

10. 2018 年

2018 年 1 月，《重庆市绿色建筑评价应用指南》通过专家审查。

2018 年 2 月，重庆市首个铂金级(三星级)居住建筑绿色竣工评价标识项目通过专家审查。

2018 年 4 月，重庆市首个绿色工业建筑评价标识项目通过专家审查。

2018 年 4 月，重庆市首个铂金级(三星级)绿色公共建筑竣工评价标识项目通过专家审查。

2018 年 4 月，北方地区绿色建筑基地调研。

2018 年 4 月，第三届西南地区建筑绿色化发展研讨会召开。

2018 年 6 月，重庆市绿色建筑竣工和运行评价标识推进与项目沟通会议召开。

2018 年 8 月，重庆市绿色建筑评价标识申报系统正式投入使用。

2018 年 8 月，西南地区绿色建筑基地与中国城科会绿色建筑研究中心联合开展健康建筑与绿色生态城区评价工作合作。

2018 年 8 月，重庆市首个装配式铂金级（三星级）绿色公共建筑设计评价标识申报项目通过专家审查。

2018 年 9 月，组织开展《绿色生态城区评价标准》和《健康建筑评价标准》宣贯培训会。

2018 年 9 月，西南地区绿色建筑基地参加中新绿色建筑论坛。

2018 年 12 月，重庆市建筑节能协会绿色建筑专业委员会 2018 年度工作会议召开。

重庆市建筑节能协会正式更名为重庆市绿色建筑与建筑产业化协会。

发布《2018 年重庆市建筑绿色化发展年度报告》。

荣获 2017 年度中国绿色建筑与节能委员会先进集体。

11. 2019 年

2019 年 1 月，重庆市《绿色建筑评价标准》修编技术要求研讨会召开。

2019 年 4 月，第四届西南地区建筑绿色化发展年度研讨会召开。

2019 年 9 月，重庆市《绿色建筑评价标准》修编启动会召开。

2019 年 11 月，重庆江北国际机场东航站区及第三跑道建设工程新建 T3A 航站楼及综合交通枢纽绿色建筑竣工评价标识通过专家评审。

2019 年 12 月，重庆市《绿色建筑评价标准》（DBJ50/T-066—2020）通过专家审查。

发布《2019 年重庆市建筑绿色化发展年度报告》。

荣获 2018 年度中国绿色建筑与节能委员会先进集体。

12. 2020 年

2020 年 2 月，专委会开展线上办公。

2020 年 3 月，完成《新型冠状病毒肺炎防控期公共建筑运行管理技术指南》编制。

2020 年 3 月，举办网上公开课"新冠肺炎防控期空调系统使用"讲解。

2020 年 3 月，走进企业微信群，分享新版重庆市《绿色建筑评价标准》（DBJ50/T-066—2020）相关发展理念。

2020 年 3 月，与重庆大学建筑学部联合毕业设计组联合开展了绿色建筑走进校园专题网络分享会。

2020 年 4 月，举办网络直播，面向技能型人才综合素质提升的绿色建筑与节能专题技能交流会——"面向未来，用未来照亮自己"。

2020 年 4 月，专委会正式复工。

2020 年 6 月，复工后的首个绿色建筑竣工评价标识项目专家评审会组织召开。

2020 年 7 月，新版《重庆市绿色建筑评价标准技术细则》通过专家审查。

2020 年 7 月，重庆市绿色建筑与建筑产业化协会绿色建筑专业委员会 2020 年度主任工作会及委员会议组织召开。

2020 年 7 月，完成新一届重庆市绿色建筑与建筑产业化协会绿色建筑专业委员会主任委员、委员单位、个人委员名单报备。

2020 年 11 月，重庆市首个申报铂金级(三星级)绿色居住建筑运行评价标识项目组织专家评审。

2020 年 11 月，重庆江北国际机场 T3B 航站楼绿色建筑与建筑节能专项论证专家沟通会组织召开。

2020 年 12 月，第五届西南地区建筑绿色化发展年度研讨会召开。

未来，未完待续……

作者：重庆市绿色建筑与建筑产业化协会绿色建筑专业委员会　李百战、丁勇、周雪芹、
　　　王玉、胡文端

技 术 篇

第 5 章　重庆市公共建筑自然通风设计现状

5.1　研　究　背　景

我国处于工业化、城镇化快速发展时期，建筑能耗快速增长，《中国建筑能耗研究报告(2020)》指出，2018 年中国建筑能源消费的总量超过 10 亿吨标准煤，占全国能源消费的 21.7%，全国建筑总面积 671 亿 m^2，其中公共建筑的面积为 129 亿 m^2，占全国建筑总面积的 19%，但其能耗在总建筑能耗中占比高达 38%[1]。

在公共建筑所消耗的巨大能源中，供暖、通风与空调系统对建筑的能源消耗负有重大责任。此外，空调技术的广泛应用在给人们提供舒适的同时也会造成室内空气质量恶化、病态建筑综合征等问题。随着人们对于室内空气环境健康舒适要求的不断重视，自然通风作为一种被动式节能技术，能够在不消耗能源的情况下改善室内环境，尤其是在公共卫生事件情况下，促进建筑的通风尤其是自然通风，是最有效、最简单的防护措施。既有研究表明，建筑中充分利用自然通风有利于节能和健康，对于非寒冷季节和非严寒地区，一般性民用建筑都有使用自然通风的必要性[2]。

5.2　重庆地区自然通风潜力

影响自然通风潜力的因素有很多，室外气象条件是影响一个地区自然通风潜力的重要因素之一，建筑室内自然通风随着气候变化而变化，研究一个地区的自然通风潜力是进行自然通风设计的前提。自然通风度日数法可以根据室外气象资料简单地估算出一个地区的自然通风潜力，因此，选择《中国建筑热环境分析专用气象数据集》中典型气象年的气象数据作为评估重庆地区自然通风潜力的室外气象分析数据。重庆地区全年日干球温度统计如图 5.1 所示。

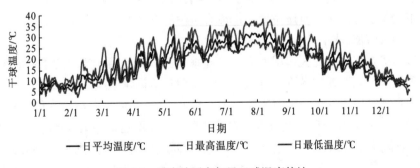

图 5.1　重庆地区全年日干球温度统计

自然通风度日数法与供暖度日数定义类似，其原理是依据热平衡原理，根据供暖或制冷的室内设定温度，计算得到室外供热或制冷平衡点温度，当室外温度在这两个平衡点温度之间时，就是适合自然通风的气候。通风度日数就是指适合自然通风的温度数与其天数的乘积的总和，通风度日数数值越大，表明自然通风潜力越大[3]。

$$\text{VDD} = \sum_i^n rT_i d \ , \ r = \begin{cases} 1, & T_X \leqslant T \leqslant T_S \\ 0, & T_i \leqslant T_X, T_i \geqslant T_S \end{cases} \tag{5.1}$$

其中，T_X——自然通风下限值，℃；T_S——自然通风上限值，℃；VDD——自然通风度日数，℃·d。

根据《民用建筑供暖通风与空气调节设计规范》（GB 50736—2012），12℃以下的空气很难被直接利用，而 28℃以上的空气很难降温至舒适范围，故将 12～28℃作为自然通风可以直接利用的温度区间。重庆地区各月自然通风度日数计算结果如表 5.1 所示。

表 5.1　重庆各月自然通风度日数

月份	3	4	5	6	7	8	9	10	11
自然通风度日数/(℃·d)	309.1	538.0	626.8	642.2	418.8	347.1	639.5	569.3	400.6

由表 5.1 可以看出，重庆地区的自然通风潜力在 4 月、5 月、6 月、9 月、10 月较大，即使是在 7、8 月的夏季也有一定的自然通风潜力。因此，促进自然通风的应用是很有必要的。

5.3　自然通风设计关键因素

针对自然通风的设计要求，国内外许多标准均有所提及，通过对相关标准的整理，发现目前各标准对自然通风的设计主要体现在以下几个方面。

5.3.1　建筑朝向

在建筑设计时，其位置和朝向是自然通风的重要影响因素，需要根据建筑所在地的日照特点及主导风向进行建筑朝向的设计。合理的建筑朝向，能够使建筑的主要开口在自然通风情况下位于合理的正、负压位置，形成有组织的有效进风口和出风口，将会使建筑室内形成良好的气流流场[4]。

根据风的特点，风力最大作用面为与风向垂直的平面，因此建筑的主立面应尽可能朝向夏季主导风向，侧面朝向冬季主导风向。《民用建筑供暖通风与空气调节设计规范》主要针对利用穿堂风进行自然通风的建筑提出了要求，建议其迎风面与夏季最多风向成 60°～90°，同时考虑利用春秋季风以充分利用自然通风；《民用建筑热工设计标准》建议建筑宜朝向夏季、过渡季主导风向，且对于条形建筑，建筑朝向与主导风向夹角不宜大于 30°，点式建筑朝向与主导风向夹角宜在 30°～90°；《民用建筑绿色设计规范》（JGJ/T229—2010）对建筑的最佳朝向、适宜朝向、不利朝向进行了划分，重庆地区建议建筑朝向如表 5.2 所示。

表 5.2　重庆地区建议建筑朝向

地区	最佳朝向	适宜朝向	不利朝向
重庆地区	南偏东 30°至南偏西 30°	南偏东 45°至南偏西 45°	西、西北

5.3.2　建筑平面布局

建筑总平面布局对建筑风环境影响效果主要体现在风影区的大小。风影指风吹向建筑后在建筑背面产生的涡旋区在地面上的投影。风影区内由于空气流呈现漩涡状态，风力变弱，风向不稳定，不利于下风向建筑周围的空气流动。此外，建筑单体设计和群体布局不当，可能会导致局部风速过大，行人举步维艰或强风卷刮物体伤人等事故；通风不畅会严重阻碍空气的流动，在某些区域形成无风区，不利于室外散热和污染物的消散。

为加强自然通风，建筑布局的基本原则是使下风向建筑尽量少受到上风向建筑风影区的遮挡。从平面布局方式来说，可优先考虑错列式、斜列式布局，同时，建筑之间不宜相互遮挡，在主导风向上游的建筑底层宜架空，以保证后排建筑的自然通风效果。

5.3.3　外窗的选取

建筑的自然通风绝大多数是通过可开启的外窗进行的，使用者可以通过可开启的窗户对通风状况进行个人化的控制，也可以结合个人的舒适度来调节周围的采光和视线需求。

为提高自然通风的效果，应采用流量系数较大的进、排风口活窗扇。供自然通风用的进、排风口或窗扇，一般随季节的变化要进行调节。当进排风口或窗扇不便于人员操作时，应考虑设置机械开关装置来调节进排风口及窗扇，以达到自然通风效果。

5.3.4　通风开口有效面积

通风开口有效面积是指开窗扇面积和窗开启后的空气流通界面面积的较小值。在开窗较大的情况下，风速和单位时间内通过的风量会更大。因此，当风向不恒定或需要气流通过整个空间时，需要较大的进气口。研究表明，对开口面积进行微小修改后，空气温度的最大下降幅度是 2.5%，而建筑区域内的空气流速的最大增长幅度是 600%(6 倍)[5]。因此，足够的通风开口有效面积是保证自然通风得到应用的前提。

目前，国内外标准中对此规定大体一致，但具体数值有所不同。《民用建筑供暖通风与空气调节设计规范》主要将其与房间地面面积进行对比，对采用自然通风的生活、工作的房间，通风开口有效面积不应小于该房间地板面积的 5%；《公共建筑节能设计标准》(GB50189—2015)中提出，甲类公共建筑外窗(包括透光幕墙)应设可开启窗扇，其有效通风换气面积不宜小于所在房间外墙面积的 10%；美国 ASHRAE 标准 62.1 也有类似规定，即自然通风房间可开启外窗净面积不得小于房间地板面积的 4%，建筑内区房间若通过邻接房间进行自然通风，其通风开口面积应大于该房间净面积的 8%，且不应小于 2.3m²。

5.3.5 建筑进深

公共建筑体量大、进深大、占地面积广，空间内气流活动情况复杂，仅仅依靠风压难以实现自然通风。同时，进入室内的风会与室内墙体、设备等物体发生摩擦，从而减小风的势能，使风速越来越小，直至消失。因此需要对公共建筑的进深进行一定的控制，对于公共建筑，其进深不宜超过 40m，进深超过 40m 时应设置通风中庭或天井。

5.4 重庆市公共建筑自然通风设计调研

由于公共建筑类型多、功能复杂，各类公共建筑的性能需求不一，因此，要实施公共建筑自然通风的技术应用要求，首先应了解和分析公共建筑自然通风设计现状。根据对国家标准的整理，研究采用问卷调查的形式对重庆市主要设计机构进行了公共建筑自然通风设计调研，调研涉及建筑基本信息(建筑类型、进深等)和主要功能房间通风设计(通风开口有效面积、外窗形式、通风量等)等方面的内容。本次调研共收集到有效问卷 55 份，涉及建筑共 63 栋，主要为办公建筑和科教文卫建筑(图 5.2)。

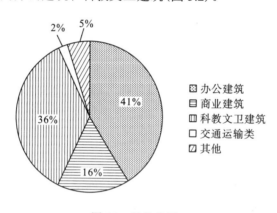

图 5.2 建筑类型

5.4.1 建筑朝向

本节根据《民用建筑绿色设计规范》(JGJ/T229)对重庆地区建议朝向的划分将调研结果分为了最佳朝向、适宜朝向、不利朝向和其他朝向(除上述三种朝向以外朝向)四类，统计结果如图 5.3 所示。

在本次调研中，公共建筑朝向大多处于南偏东 45°至南偏西 45°范围内，占比 75%，其中最佳朝向(南偏东 30°至南偏西 30°)占比 68%，仅从建筑朝向来看，大多数建筑的朝向设计是有利于建筑自然通风的。

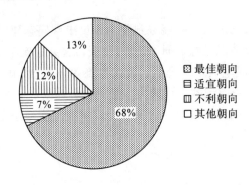

图 5.3　建筑朝向分布情况

5.4.2　通风开口有效面积

　　不同开启方式其通风开口有效面积的计算方式不同。通过对重庆市公共建筑的调研发现，公共建筑常用外窗开启形式为悬窗、平开窗和推拉窗。推拉窗的通风开口有效面积计算简单，可通过活动扇的面积进行确定；而悬窗和平开窗需要根据活动扇的开启角度进行确定，在大多数情况下，有效通风换气面积与通风开口面积在数值上是相等的，仅在开启扇的开启角度小于 45°时，有效通风换气面积要大于通风开口面积(图 5.4)。

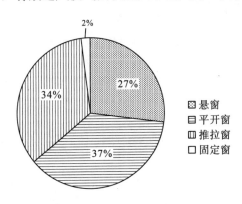

图 5.4　建筑外窗开启方式

　　在本研究中，为了探究公共建筑最大通风换气效果，对不同外窗通风开口有效面积进行计算时，将通风开口面积视为有效面积进行计算。《民用建筑供暖通风与空气调节设计规范》(GB50736)中提出，采用直接自然通风方式的生活、工作的房间通风开口有效面积不应小于该房间地面面积的 1/20。将计算结果与其进行对比，发现有 90%的公共建筑，通风开口有效面积大于该房间地面面积的 1/20，符合标准要求。

5.4.3　换气次数

　　20 世纪 70 年代出现的"能源危机"，引起社会对减少能源消耗的普遍重视。出于节能目的，人们增加了建筑的封闭性，降低了建筑的新风量。有学者指出，通风不良的房屋和办公室中存在霉菌生长的风险，可能导致室内人员出现病态建筑综合征[6]。因此，有必要对公共建筑新风量设计情况进行调研。根据《重庆市公共建筑节能(绿色建筑)设计标准》(DBJ50-052)要求，在过渡季典型工况下，公共建筑 90%主要功能房间的平均自然通风换气次数不应低于 2 次/h。考虑到本次调研大多数为办公建筑和科教文卫建筑，其主要功能房间为办公室和会议室，因此主要对办公室和会议室换气次数进行了统计，结果如图 5.5 和图 5.6。

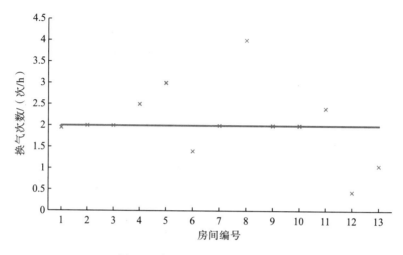

图 5.5 办公室换气次数分布情况

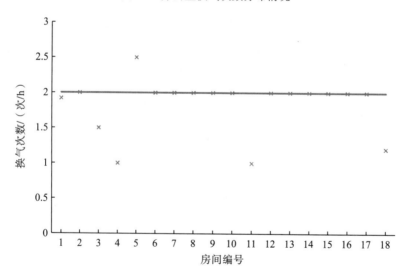

图 5.6 会议室换气次数分布情况

根据统计结果，办公室最大换气次数为 4 次/h，最小换气次数为 0.5 次/h，主要集中在 1.5～3 次/h；会议室最小换气次数为 1 次/h，最大为 2.5 次/h，换气次数设计值集中在 2 次/h。与标准中换气次数不低于 2 次/h 的要求相对比，办公室和会议室达标比例均为 77%左右。

5.4.4　建筑进深

建筑进深对自然通风效果影响显著,建筑进深越小越有利于自然通风。公共建筑体量大、进深大、占地面积广,空间内气流活动情况复杂,《民用建筑热工设计规范》(GB 50176—2016)中规定,公共建筑进深不宜超过 40m,进深超过 40m 时应设置通风中庭或天井。通过对建筑设置中庭或天井情况进行统计,发现在进深小于 40m 的建筑中,设置中庭或天井建筑所占比例为 12%;进深大于或等于 40m 建筑中,设置中庭或天井比例仅为 55%。较多公共建筑未能充分利用建筑设计来促进自然通风的应用(图 5.7)。

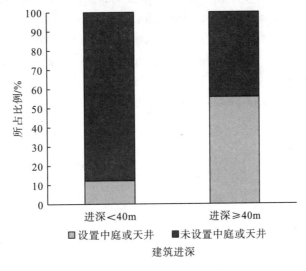

图 5.7　建筑中庭或天井设置情况

5.5　总　　结

本节主要针对重庆市公共建筑的朝向、通风开口有效面积、换气次数以及建筑进深进行了分析,从调研结果可以看出,目前重庆市公共建筑关于自然通风的设计,大多数能满足标准要求,但仍存在以下几个问题。

本节对通风开口有效面积进行了简化处理,将开口面积视为通风开口有效面积进行计算,普遍增大了通风开口有效面积,但仍有 10%的建筑,其通风开口有效面积不符合标准要求。且前期调研中发现,超过 70%的建筑,在实际使用过程中,窗户的开启面积小于开口面积的 1/2。因此,在建筑的实际使用过程中,建筑的通风开口有效面积很可能达不到标准要求。

虽然有 77%的办公室和会议室的换气次数满足标准要求,但在满足要求的房间中,超过一半的房间换气次数刚好为 2 次/h,仅满足了标准的最低要求。当房间人员密度增大或自然通风动力不足时,新风量可能难以满足室内人员需求。

重庆作为山地城市,地形特殊,静风率高,风压可控率低,中庭和天井的烟囱效应可以有效增强自然风的对流换热效果，但在重庆市公共建筑中，中庭和天井的应用比例较低，大多数建筑未能充分利用建筑设计来促进自然通风的应用。

作者：重庆大学　丁勇、胡玉婷

参 考 文 献

[1] 中国建筑节能协会. 中国建筑能耗研究报告 (2020 年) [R]. 厦门, 2020.

[2] 吴国栋, 韩冬青. 公共建筑空间设计中自然通风的风热协同效应及运用[J]. 建筑学报, 2020, (9):67-62.

[3] 万春艳. 重庆地区居住建筑自然通风适用性及应用策略研究[D]. 重庆: 重庆大学, 2013.

[4] 丁勇, 李百战. 建筑平面布局和朝向对室内自然通风影响的数值模拟[J]. 土木建筑与环境, 2010, 32 (1): 90-95.

[5] Elshafei G, Negm A. Numerical and experimental investigations of the impacts of window parameters on indoor natural ventilation in a residential building[J]. Energy and Buildings, 2017, 141: 321-332.

[6] Sakiyama N R M, Carlo J C. Perspectives of naturally ventilated buildings: A review[J]. Renewable and Sustainable Energy Reviews, 2020, 130.

第6章　重庆市公共建筑节能改造核定常见问题解析

我国目前既有建筑总面积约 420 亿 m^2，建筑消耗的能量已占全国总能耗的 30%左右，且大多数既有建筑为非节能建筑。其中既有公共建筑面积约 45 亿 m^2，占城乡房屋建筑总面积的 10.7%，据测算分析，公共建筑能耗约占建筑总能耗的 20%，如果按节能 50%的标准进行改造，总的节能潜力约为 1.3 亿吨标准煤。可见，既有公共建筑节能潜力巨大，对既有公共建筑的改造势在必行。

国家尤其重视并大力提倡建筑节能改造工作，相继出台了一系列节能改造相关的政策与文件，如《绿色建筑行动方案》(国办发〔2013〕1 号)明确提出对既有建筑的改造任务。重庆市作为国家首批既有建筑节能改造重点示范城市之一，于 2012 年开始陆续开展既有建筑节能改造工作，并于 2016 年发布的《重庆市建筑节能与绿色建筑"十三五"规划》(征求意见稿)提出了新工作目标，要求 2020 年前继续推进既有建筑节能改造 350 万 m^2[1]。

随着国家和地方政策的大力引导，公共建筑的节能改造已经成为节能工作的一个重点。截至 2020 年，国家除政策推动外，已颁布实施数十项建筑节能相关规范及标准，对建筑节能起到了一定推动作用。既有公共建筑节能改造涉及的内容广泛，包括围护结构、采暖空调、通风、照明、生活热水供应系统、室内用电设备、供配电及其他用能设备等。各项改造内容涉及的改造技术也不单一，其中集中空调系统的改造技术就有不少于 10 种，改造技术的多样性和复杂性直接造成节能效果判定的难度，而节能改造的效果判定的准确性又直接影响到改造工作是否能实施、是否达到真正意义的节能，对于合同能源管理模式的改造项目，则直接关系到业主和节能服务公司的节能利益分配问题。由此可见，对节能改造技术研究、节能诊断及效果分析尤为重要。

重庆大学公共建筑能效提升研究组针对目前节能改造以及节能量核定工作中的一些常见现象及问题，将其整理为主要几点，并针对相关部门与组织给出了相应的应对方法和建议，以期对重庆市公共建筑节能改造工作产生一定的引导与规范作用。

6.1　重庆市公共建筑节能改造技术路线

重庆市公共建筑节能改造技术路线以用能系统改造为主，通过对改造示范项目进行统计分析[2]，主要改造内容有照明插座系统、空调系统、供配电系统、生活热水系统、动力系统以及特殊用能系统等。

6.1.1　照明插座系统

照明系统节能改造措施有：

(1)将原有高能耗灯具更换为 LED 节能灯具。

(2)公共区域采用带声光控制的自熄开光控制，教室、办公室、图书馆、商场等房间开窗侧与内侧分别设灯光控制开光，充分利用自然光。

(3)对照明控制回路进行改造。

(4)替换节能插座。

6.1.2　空调系统

1. 集中空调系统节能改造措施

(1)对实测能效比低于国家规定能效值较大的老旧冷水机组(热泵)进行更换改造。

(2)老旧的离心式冷水机组更换为变频离心式冷水机组。

(3)对低效率或选型不合理的水泵进行更换。

(4)冷却水泵、冷(热)水泵采用智能变频控制柜，实现变水量系统运行。

(5)采用定风量全空气空调系统实现全新风或可调新风比运行。

(6)风冷冷水机组(热泵)室外侧换热器增加喷水雾化装置。

(7)加装烟气热回收换热器。

2. 分体式房间空调器节能改造措施

(1)对使用年限久、能效低的旧房间器空调进行替换。

(2)给房间空调器安装节能控制插座。

(3)利用空调器冷凝水对冷凝器进行喷水降温。

6.1.3　生活热水系统

生活热水系统节能改造措施有：

(1)对老旧电热水锅炉进行更换。

(2)更换生活热水水泵或加装变速调节装置。

(3)对效率低的板式换热器进行更换。

(4)增加烟气回收装置。

6.1.4　供配电系统

供配电系统节能改造措施有：

(1)采用三相平衡器减少三相不平衡造成的损耗。

(2)必要时需安装能耗分项计量系统。

6.1.5　动力系统

动力系统节能改造措施有:
(1)对电梯增加能量回馈装置。
(2)对扶梯增加变频控制器。

6.1.6　特殊用能系统

特殊用能系统节能改造措施有:
(1)对厨房排烟风机加装变频控制器。
(2)将老旧燃气炉灶的燃烧器更换为高效节能的燃烧器。

6.2　节能量核定工作

6.2.1　节能量计算

为了顺利推进公共建筑节能改造工作,重庆市发布了有关节能改造工作的管理办法和技术支撑文件,分别为《重庆市公共建筑节能改造重点城市示范项目管理暂行办法》(以下简称《管理暂行办法》)和《重庆市公共建筑节能改造节能量核定办法》(以下简称《节能量核定办法》)。其中,《管理暂行办法》对节能改造示范项目申报与组织实施、监督管理及补助资金拨付与使用等内容做出了明确规定,《节能量核定办法》则对建筑物常规功能的照明插座、空调、动力、供配电等用能系统的改造节能计算做出了规定。

根据规定,公共建筑节能改造示范项目的财政补贴按照节能率和改造建筑面积进行核算确定。重庆大学作为重庆市三大节能量核定机构之一,承担示范项目能耗基础数据等节能诊断以及改造效果的核定工作。根据《节能量核定办法》,建筑节能量的核定针对节能改造对象,基于建筑用能特点,按照计算改造前后能耗差值或实测的思路来确定建筑节能量。同时,为解决建筑基准能耗和节能量调整量难以确定的问题,计算时将条件设定为设计工况(或相近工况)。此外,参照行业标准可以确定统一的评价基准,使节能量的核定具有公认的比对对象,重庆地区公共建筑节能改造节能量核定方法与步骤如下:

(1)建筑信息收集:分为建筑基本信息和能耗信息收集。其中,建筑能耗信息应至少收集 12 个月的能源费用账单和分项能耗账单。

(2)建筑用能特征核查:查阅图纸及其他资料或通过测试的方式,参照行业标准对建筑用能特征进行核查,包括建筑室内外环境、围护结构、用能设备性能以及建筑节能运行控制等。

(3)改造前后建筑用能性能检测及计算:针对建筑围护结构、照明插座系统、动力系统、空调系统、生活热水供应系统、供配电系统以及特殊(其他)用电系统的节能改造,详细描述改造方案,核查主要技术指标,计算主要技术指标改造前后变化率,通过实测或计算得到单项改造节能量及节能率。

(4)建筑总节能量及节能率计算：建筑节能改造总节能量应等于各用能设备系统分项节能量之和，包括照明插座系统年节能量、动力系统年节能量、空调系统年节能量、生活热水供应系统年节能量、供配电系统年节能量和特殊(其他)用电系统年节能量。建筑总节能率等于建筑改造总节能量与改造前建筑年总能耗的比值。其中，改造前建筑年总能耗以改造前改造建筑某年能耗账单为依据。根据《重庆市公共建筑节能改造节能量核定办法》(渝建〔2018〕131 号)，其中主要几项设备的能耗计算方法为

1）照明插座系统

(1)照明系统。
$$年能耗=灯具总功率×使用时间×同时使用率 \tag{6.1}$$
(2)室内用能设备。
$$年能耗=设备总功率×使用时间×同时使用率 \tag{6.2}$$

2）动力系统

(1)电梯。根据电梯年预测能耗公式，计算改造前后建筑电梯年能耗。
$$年能耗=(K_1×K_2×K_3×H×F×P)/(V×3600)+年内使用的待机时的总能量 \tag{6.3}$$
其中，驱动系统系数 K_1、平均运行距离系数 K_2、轿内平均载荷系数 K_3 与电梯系统形式有关；H 为最大运行距离；F 为年启动次数；P 为电梯的额定功率；V 为电梯额定速度。

(2)风机水泵系统。统计风机水泵系统中用能设备额定功率及其运行时间，根据用能设备使用情况统计其同时使用系数，计算风机水泵系统用能设备能耗。
$$年能耗=风机功率×运行时间×同时使用系数 \tag{6.4}$$

3）空调系统

(1)主机。将主机的额定功率与建筑的当量满负荷运行小时数相乘得到。
(2)水泵。

方法一：采用运行记录中的逐时功率(或根据运行记录中的逐时电流计算水泵的逐时功率)，对全年运行时间进行积分。

方法二：在没有相关运行记录时，对定速运行或虽然采用变频但频率基本不变的水泵，实测各水系统(如冷却水系统、冷冻水一次水系统、冷冻水二次水系统等)中，不同的启停组合(即分别开启 1 台，2 台，……，N 台)下水泵的单点功率，根据运行记录统计各启停组合实际出现的小时数，计算每种启停组合的全年电耗再相加。

对变频水泵，实测各水系统在不同启停组合下，各工频时水泵的运行能耗，再根据逐时水泵频率的运行记录计算逐时水泵能耗(根据三次方的关系)，并对全年积分。

方法三：在既无相关运行记录，也没有条件对设备耗电功率进行实测时，计算方法与方法二类似，只是用额定功率代替实测功率。此方法只适用于定流量水系统。

(3)冷却塔。统计冷却塔在设计冷却水量下运行功率及其运行时间，并统计冷却塔同时使用系数、计算冷却塔能耗。

(4)风机盘管。统计建筑物中各个区域风机盘管的数量和功率，分别估算其运行时间，

相乘得到。

　　(5)分体空调。统计建筑物中所有分体空调的数量和功率，估算其运行时间和平均负荷率，相乘得到。

　　(6)热源。热源消耗的电量可认为是恒定值，用实测功率乘以运行时间得到。

　　4)特殊(其他)用电用能设备

　　统计用能设备数量、运行情况，统计各特殊用电用能设备额定功率及其运行时间，根据特殊用电使用情况统计其同时使用系数，计算特殊(其他)用电用能设备能耗。

6.2.2　项目节能改造建筑面积及基准能耗核定(初核)

　　初核的目的在于确认改造方提供的改造前项目现场相关信息情况是否属实，包括两部分：改造前设备情况与改造面积。

1. 改造前设备情况

　　根据改造设备清单核查对应项目数据，是否与改造前清单相符，例如：

　　1)照明插座系统

　　可考虑抽查具有较多数量、改造前后功率变化较大的灯具的区域，核查时一般由现场节能公司相关人员拆下灯具进行铭牌参数的确定。原则上需要节能公司提供详细到单个房间的灯具清单，通过随机抽查房间灯具数量，确定灯具数量是否属实。

　　2)空调系统

　　集中空调：现场观察主机、水泵是否有加装变频控制设备，同时确认现场主机、锅炉或水泵铭牌参数是否与改造方提供的初核资料中所提供的改造前设备参数相符。

　　分体空调：现场核查房间内分体空调器设备参数(型号、功率、制热/冷量)是否与由改造方提供的初核资料中设备清单中所提供的改造前设备性能参数相符。

　　余热回收：现场核查确认相关设备并未安装热回收装置。

　　3)动力系统

　　前往电梯机房，核查电梯是否未加能量回馈装置，参照其他项目了解能量回馈装置形式，同时通过电梯相关铭牌确认电梯参数，如功率、速度等。

　　4)特殊(其他)用能系统

　　核查改造前是否为传统灶芯，参照其他改造项目了解改造后节能灶芯形式，改造前往往类似土灶。

　　核查改造前厨房抽油烟机功率以及数量是否与由改造方提供的初核资料中设备清单中所提供的改造前设备性能参数相符。

5) 分项能耗监测系统

多数建筑往往改造前未安装分项能耗监测系统,因此在现场确认分项能耗监测系统预计安装位置以及该位置现在的情况,往往是在配电室等位置。

2. 面积

1) 房产证

若面积证明材料提供房产证,则现场核查是否为对应建筑,是否有相应的楼层及平面布局。

2) 图纸

若面积证明材料提供图纸,图纸上需有尺寸标注等信息,现场利用测距仪测量比如某两个柱子之间距离或房间进深等,核查尺寸标准信息是否属实。

3. 初核总结

初核的目的是确认现场设备的数量与型号是否与改造方所提供设备清单中的改造前状态一致,是否存在已改造的情况以及改造面积是否属实。核查全程需进行录像和拍照。

6.2.3 节能量核定(终核)

终核的目的在于确认节能公司提供的改造后现场信息情况是否属实,包括两部分:设备改造后情况与改造面积。其中改造面积不仅需要结合图纸以及房产证进行核查,更需结合现场情况确认未改造的面积。现场核查结束后,完成节能量核定报告的编制。

1. 改造后设备情况

根据改造设备清单核查对应项目数据,是否与改造后清单相符,例如:

1) 照明插座系统

可考虑抽查具有较多数量、改造前后功率变化较大的灯具的区域,核查时一般由现场节能公司相关人员拆下灯具进行铭牌参数的确定。终核原则上节能公司必须提供详细到单个房间的灯具清单,通过随机抽查房间灯具数量,确定灯具数量是否属实,并进行改造后房间照度测试。

2) 空调系统

集中空调:现场观察主机、水泵是否有加装变频控制设备,同时确认现场主机、锅炉或水泵铭牌参数是否发生变化。

分体空调:现场核查房间内分体空调器设备参数(型号、功率、制热/冷量)是否与由改造方提供的终核资料中设备清单中所提供的改造后设备性能参数相符。

余热回收:现场核查确认相关设备是否安装热回收装置。

3）电梯加装能量回馈装置

核查改造后是否已加电梯能量回馈装置，可参照电梯设备信息说明书以及检测报告等资料了解电梯设备性能参数，同时再次通过电梯相关铭牌确认电梯参数，如功率、速度等。

4）厨房节能灶芯

核查现场是否改造为节能灶芯，可参照节能灶芯的检测报告等资料了解其性能参数及形式。

核查改造后厨房抽油烟机功率以及数量是否发生变化，且有无安装变频控制装置。

5）分项能耗监测系统

现场确认分项能耗监测系统是否已安装。

2. 面积

核查是否改造了初核对应的建筑，核查并测量未实施改造的面积。

由于改造方在初核确认的改造面积基础上往往存在没有改造的区域，对于未改造的部分，需要利用测距仪对未改造的面积进行确认，如电梯井、楼梯间、设备间以及其他特殊房间。

3. 节能量核定报告

编制核定报告的目的为反映两项基本信息：项目改造面积与项目总节能率（图 6.1 和图 6.2）。经过现场核查，确认项目实际改造面积，并基于项目实际情况计算项目单项节能量及节能率，以及项目节能改造总节能量和总节能率。建筑改造总节能量应等于各用能设备系统分项节能量之和，包括照明插座系统年节能量、动力系统年节能量、空调系统年节能量、生活热水供应系统年节能量、供配电系统年节能量和特殊（其他）用电系统年节能量。建筑总节能率等于建筑改造总节能量与改造前建筑年总能耗的比值。

图 6.1　现场核查测距

图 6.2   现场核查测量照度

6.2.4   终核总结

终核的目的是确认现场设备的数量与型号是否与改造方所提供设备清单中的改造后状态一致，确认是否都已改造，改造面积是否属实，并根据现场实际情况扣除相应的未改造面积。核查全程需进行摄像与拍照，同时，在现场核查之后，应基于项目实际情况，客观公正地完成节能量核定报告的编制任务。

6.3   目前存在的问题

1. 资料准备不充分

依据目前核定工作的现状，一般而言，改造方所提供的资料中并没有能够证明项目已按照相关规定进行了严格的能源审计过程的相关报告或文件，从而改造方案以及诊断报告中所提供项目改造前能耗分项比例的依据并不充分。结合能耗账单，此项直接影响到改造前实际分项能耗值的确定。

改造项目的诊断存在片面性，目前的改造项目普遍存在"改什么诊断什么"的情况，未对整个建筑进行全面诊断，因而造成在进行建筑基础能耗确定时，存在缺乏部分信息的情况。

进行节能量计算时，改造方所提供的资料中关于公式中的相关参数，比如灯具的使用时间、天数及使用系数有时明显偏离正常范围，且缺少其取值的理由与合理性论证过程。但由于数据来源的相关资料已通过相应项目的专家审查会，项目本身也通过了验收，数据本身是受认可的数据，核定方由于信息量十分有限，并没有更好的数据参考来源，从而导致依据上述数据测算出的节能率准确性有待商榷。

2. 实施范围不明确

根据节能改造的一般原则，作为核定方初审去现场核查时，即改造前，改造方一般不能对具体项目实施提前改造，如节能灯具的替换等。但实际情况存在改造方有时会要求进行"打样"的做法，即根据业主方需求提供部分数量产品并进行试用，业主接受后才进行大规模后续的改造(如灯具的替换)。此类情况在核定时，存在一定的不确定性，应尽可能避免。如确实不可避免，建议在双方的实施合同中明确，并按照相关管理要求开展。

关于照明系统的改造，还有一个问题需要提出并予以重视：根据目前的核定情况，改造后经过现场核定，有些区域的功率密度是降下来了，可是照度却达不到标准要求，严格意义上来说，此时灯具的性能指标并未达到核查要求。

在实际的改造工作中，关于某些项目改造面积的划定尚存不确定性。例如宿舍的功能性划分；一些项目存在非改造所属面积，包括出租、另建、扩建的区域等。对于这些问题，改造单位应首先明确改造对象的属性，并对该功能区域是否纳入改造进行明确。

3. 时间进度不把握

由于节能改造工作进度管理需求，项目在改造完毕后，需要有一定时间的运行期，以及相应的验收周期、核定周期。根据管理办法的要求，项目在开展时应充分考虑上述时间进度的合理安排，以满足项目核定的周期要求。

6.4　总　　结

随着全球节能减排需求，既有建筑的节能改造将会长期成为建筑节能工作的一个重点内容。重庆市通过推动第一批与第二批国家公共建筑节能改造重点城市建设实践，采用合同能源管理模式推动实施了一大批公共建筑节能改造示范项目，节能效果显著,示范效应正逐步显现。与此同时，重庆市还探索建立了由城乡建设主管部门负责监督管理、项目业主单位具体组织、节能服务公司负责实施、第三方机构承担改造效果核定和金融机构提供融资支持的既有公共建筑节能改造新模式,在公共建筑节能改造市场机制建立、管理体系建设、技术路线研究、激励措施制定和节能服务产业发展等方面取得了显著成效。为推动公共建筑节能改造走市场化发展道路进行了有益探索，并被列为第三批国家公共建筑节能改造重点城市。但通过上述系统分析也发现存在一些工作不足,据了解重庆市下一阶段将进一步创新完善公共建筑市场化机制,深挖围护结构改造以及运行管理方面的节能潜力。虽然目前工作中依然存在着诸多问题，但在改造方、核定方以及其他相关机构的密切合作以及相互监督下，通过高效沟通、定期展开工作总结与交流讨论会议，可以积极解决工作中出现的问题，最终为国家推动公共建筑节能工作发挥更大的示范作用。

作者：重庆大学　丁勇、何伟豪

参 考 文 献

[1] 黄渝兰. 重庆市既有公共建筑节能改造效果分析[D]. 重庆: 重庆大学, 2016.

[2] 赵本坤, 刘学, 丁勇. 重庆市首批国家公共建筑节能改造重点城市建设实施情况与示范成果分析[J]. 建设科技, 2016(15): 80-83.

第 7 章　居住建筑室内环境现状分析

室内环境是伴随人类文明的发展，为满足人们生活、工作需求，抵御自然环境恶劣的气候，满足人类生存安全而产生并不断发展的一种环境。同时，随着人类社会不断发展，人们的生活、工作，甚至交通都越来越多地在室内度过，有调查表明，现在的人们花费 80% 左右的时间在室内，而居住建筑承担了人们较多的活动[1]。因此，居建室内环境与人的健康、舒适性乃至工作效率密切相关。

早在 1988 年美国供热制冷空调工程师协会就提出室内环境品质 IEQ (indoor environment quality) 这个概念，室内环境品质如声、光、热湿环境及空气品质对人的身体健康、舒适性及工作效率都会产生直接的影响。在 20 世纪初，一些发达国家的学者就已经开始了对室内环境的研究。

室内环境是人类支撑系统及居住系统当中的重要部分，直接影响人在其中的工作、生活质量、直接或间接与其他系统互相作用，影响经济、环境、能源状况等，也受自然系统、人类系统、社会系统等其他系统的影响。为了解当前人们的居住建筑环境现状，重庆大学建筑室内环境研究组在全国范围内发布了网络问卷调研，共计有效填写 356 人次，问卷填写人员分布在 20 个省市(图 7.1)。房屋类型包括一室一厅、两室两厅、两室一厅、三室两厅和三室一厅(图 7.2)。问卷填写者年龄在 26~60 岁均有分布，其中男性 226 人，女性 130 人(图 7.3)。

本次问卷问题涉及建筑基本信息、室内物理环境状态、室内物理环境关注度等方面的内容。

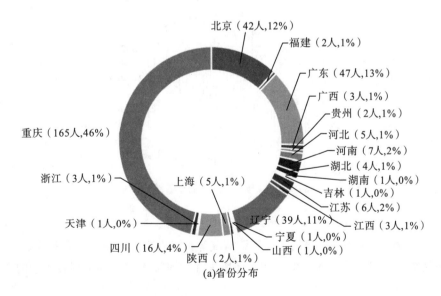

(a)省份分布

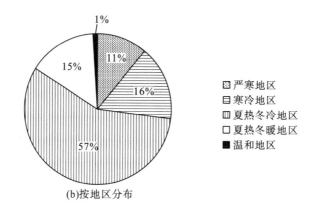

(b)按地区分布

图 7.1　调查对象来源分布

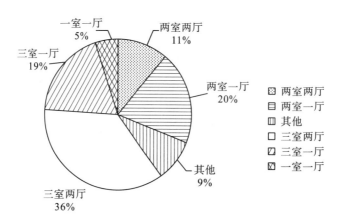

图 7.2　参与调查人员的房屋类型统计

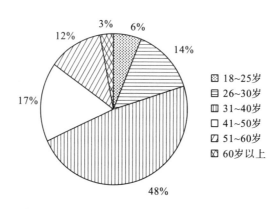

图 7.3　参与调查人员的年龄统计

　　建筑基本信息包括住房类型、建筑年代、房间类型、建筑层数、所处层数、外窗、空调设备、取暖设备、照明、净化措施、周边情况等。室内物理环境状态包括声、光、热湿、空气品质随季节情况以及现状。室内物理环境关注度包括人们对各项内容改造的态度和迫切程度。

7.1　热湿环境现状分析

7.1.1　热湿感觉

热湿环境是建筑环境中最主要的内容，主要反映在空气环境的热湿特性中。本次问卷调研，参照《民用建筑供暖通风与空气调节设计规范》规定的室内空气设计参数，主要针对室内温度、湿度和风速，调查居住者的主观感受，结果如图 7.4～图 7.6。

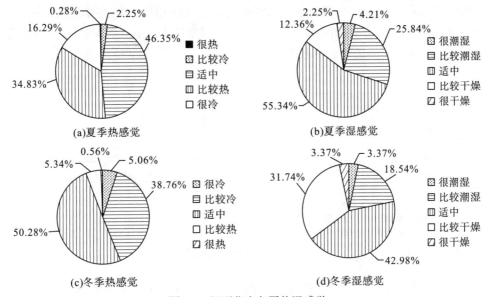

图 7.4　调研住户冬夏热湿感觉

调查结果显示，在夏季，51.1%的受访者感受到比较热或是很热，30.1%的受访者感受到潮湿；在冬季，有 43.8%的受访者感受到很冷或者冷，有 35.1%的受访者感受到干燥。

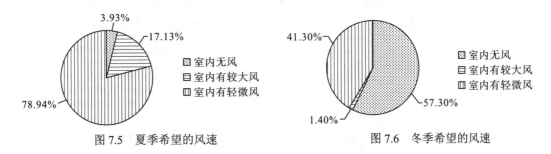

图 7.5　夏季希望的风速　　　　　　图 7.6　冬季希望的风速

根据调查得到的结果，在夏季大部分人对于室内环境有明显的炎热潮湿感觉，因此大部分的人希望有吹风来改善其热感受，可见人们普遍明确吹风对于热感觉的改善作用。而冬季仍然有超过 40%的受访对象希望有微风，这可能与采暖感觉干燥有关，也表明人们对于冬季热环境的改善方法并不非常明确。

7.1.2 空调供暖形式不同与热湿感觉的差异

调研涉及全国，各地区所处的气候分区各不相同，冬夏季空调的使用也各不相同。根据调研得到的数据，选取北京、广州、辽宁、重庆分别作为寒冷地区、夏热冬暖地区、严寒地区、夏热冬冷地区的代表，分析不同地区的冬夏空调供暖形式，探讨热湿感觉的差异。

根据调研结果，空调一般分为仅夏季使用和冬夏季均使用，各城市使用比例见图 7.7。北京地区的空调一般只在夏季使用，冬季大多使用的暖气片，较少部分使用地暖或电暖气供暖；广东地区空调一般也是夏季使用，但冬季较多的人不使用采暖设施，少量采用空调或者电暖气供暖；辽宁地区夏季不使用空调的比例与夏季仅使用空调的比例相当，冬季也大多使用的暖气片供暖，辅用电暖气、电热毯等采暖；重庆地区大多以夏冬季都使用空调作为冷热源，而供暖形式较为多样，除了空调之外也使用地暖、电暖气，或者不采暖。

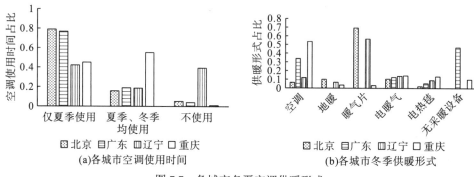

图 7.7   各城市冬夏空调供暖形式

从图 7.8 和图 7.9 可以看出，在夏天较多的人感受到热，而广东的热感、潮湿感更加明显；而冬季感受到热的基本是北京与辽宁，为寒冷与严寒地区。同时注意到图中冬季湿感觉分布，可以发现北京与辽宁的干燥感更为强烈。这一方面是这两个地区冬季温度较低，空气中的饱和水含量较低，即含湿量较低，加热空气后会使得相对湿度进一步降低；二是供暖方式的不同，与图 7.7 结合分析，可以发现这两个地区的供暖方式以暖气片和地暖为主，且北方供暖导致大部分人感觉超出了舒适的范围，达到了"热"的感受，同时出现了明显的干燥感觉。由此可见北方供暖的供热强度偏大，同时对室内热环境的舒适性控制较差。

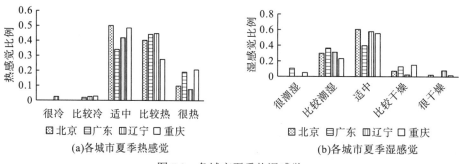

图 7.8   各城市夏季热湿感觉

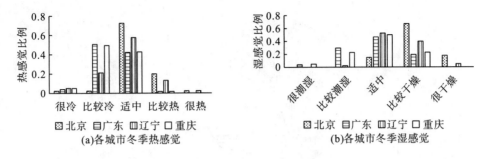

图 7.9 各城市冬季热湿感觉

由图 7.10 和图 7.11 可以看出，居住建筑夏季的空调使用形式大多都是分体式空调，占 80.16%，而分体式空调对居室存在局部处理和不均匀空气气流的不足，这使得室内舒适感较为不足。而使用风管机形式空调的居室普遍比使用分体式空调的热感觉更为适中，而湿感觉没有明显的差别。

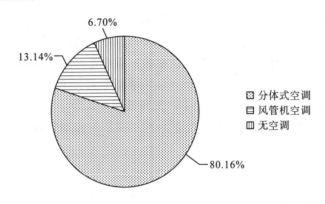

图 7.10 夏季使用空调形式的比例

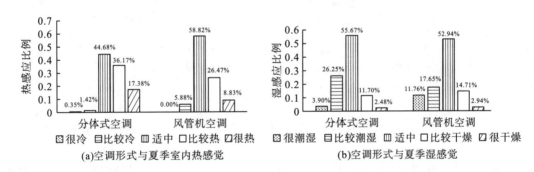

图 7.11 夏季不同空调形式的热湿感觉

综上结合图 7.12 可以得出，居住建筑室内热环境普遍表现出夏季过热且潮湿，冬季过冷且干燥。室内存在温度不均匀的感受，这与空调的形式相关。夏季风管机空调的使用比分体空调更能带来温度方面的热舒适；冬季采暖所带来的室内热感觉较好，但其所产生的干燥感也非常明显。

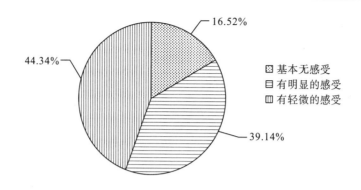

图 7.12　在家中对温度不均匀的感受

7.2　声　环　境

　　研究表明，建筑内部空间中噪声不仅会影响到建筑的使用过程，更对身处其中的人体生理与心理状态有着巨大的影响。通过问卷调查，如图 7.13，认为室内噪声很强烈或比较强烈的人占 20%，通过文献阅读发现人员主观满意率与噪声声压级在统计学层面呈现极显著相关性。因此，噪声声压级是影响人员声环境满意率的关键指标。

　　根据调查结果，在图 7.14 噪声来源中，交通噪音被认为是主要来源，占 47%；而以商业、娱乐、体育、庆祝、宣传等活动产生的，包括楼板撞击与空调设备在内的社会噪声，仅次于交通噪音，占到了 31%。

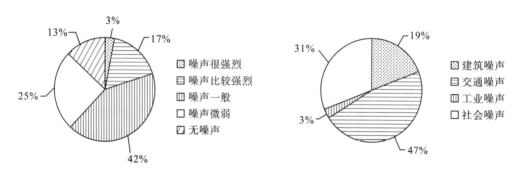

图 7.13　对室内噪音的评价　　　　　　　　图 7.14　室内噪声的来源

　　进一步分析受访者的位置，从图 7.15 和图 7.16 可以看出，感受到的噪声比较强烈和很强烈的位置分别是：相邻设备机房(占 57.2%) >相邻高速(城市快速)公路(占 54.3%) >相邻施工场地(占 50%) >相邻地铁、铁路(超过 40%) >无以上情况(仅约 10%)。由此可见，设备、交通、施工是困扰当前居住建筑室内声环境的主要因素，也是改善声环境的主要攻克对象。

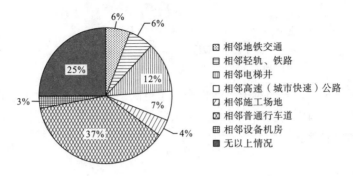

图 7.15　周边情况占比

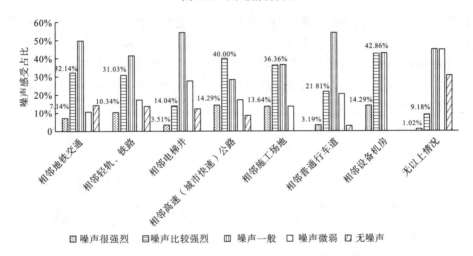

图 7.16　建筑所处位置与噪声感受

　　结合不同噪声等级的比例得到不同外窗类型的平均噪声感觉，如表 7.1 所示。

表 7.1　不同外窗类型的平均噪声感觉

房间的外窗情况	数量	人员对室内噪声的感受					合计	平均噪声感觉
		噪声很强烈	噪声比较强烈	噪声一般	噪声微弱	无噪声		
单层玻璃	147	2.72%	16.33%	38.77%	27.89%	14.29%	100.00%	1.6531
双层玻璃	198	3.54%	17.17%	43.94%	23.23%	12.12%	100.00%	1.7677
三层玻璃	9	—	22.23%	33.33%	33.33%	11.11%	100.00%	1.6667
赋予分值		4	3	2	1	0	—	—

　　由表中数据可以初步看出，双层中空玻璃窗的平均噪声感觉整体优于单层普通玻璃窗，而受访者对三层玻璃的噪声感觉没有体现出优势。这一方面可能因为三层玻璃的样本太少，没有足够的对比性，但由此也可见，其应用量也较少。而针对单层和双层玻璃窗，理论上双层要比单层的高，但是实际情况反映，两者并没有明显差异，甚至有些噪声感觉比单层的更高。这也说明不同玻璃情况下的窗户的实用隔声性能差异并没有完全反映出来，由此可见窗户隔声性能在实际应用中还可能受到很多因素影响。

7.3　光　环　境

随着社会不断进步，人们对于生活也产生了更高层次的需求，对于建筑的室内设计要求，不单单停留在室内空间的功能布局，更重要的是达到一个更高层次的心理享受，光环境在这一环节作用显著。

7.3.1　主观感觉

根据问卷调研，如图 7.17～图 7.21，在居住建筑室内，照明灯具总是开启或超过一半时间开启的比率是 25%，完全不需要开启的比率为 33%。关于室内亮度，有 99%的人认为灯光一般或明亮，其中，对照明感到非常明亮或比较明亮的占到了 71%。大部分居室对自然光利用的效果较好，可见大多数居住建筑的室内照度能满足人视觉需求。而存在的部分眩光现象主要来自阳光直射。

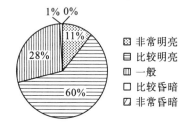

图 7.17　住户对室内环境亮度的评价

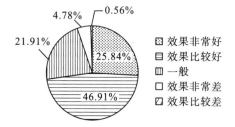

图 7.18　住户对室内自然采光的评价

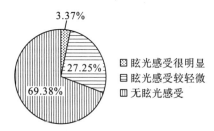

图 7.19　对室内眩光的评价

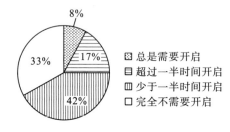

图 7.20　日间室内照明开启情况

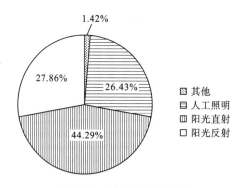

图 7.21　室内眩光的来源

7.3.2 灯具类型与灯具形式

根据调研结果如图 7.22 和图 7.23 所示，当前使用的灯具超过一半是 LED 灯，调查反映出 LED 灯、白炽灯、荧光灯在照明明亮程度与眩光感受方面没有明显区别。调查中将明亮感受分为五个等级，依次是"非常明亮""比较明亮""一般""比较昏暗""非常昏暗"，并对应给予"2""1""0""-1""-2"的得分，得分越高则觉得环境光环境越明亮。由此可以得到 LED 灯、白炽灯、荧光灯三种灯具的得分分别为 0.79、0.86、0.76。结果显示，白炽灯的明亮感受程度稍高一些。这一结果说明 LED 灯并没有白炽灯让大家觉得明亮，这一个可能是 LED 灯的光衰现象过大，反映出来对于灯具质量有待进一步加强；另一个可能是 LED 灯普遍存在的扩散角小的问题，并且室内灯具的安装存在槽灯、射灯等多种形式，造成了室内照度不均匀。

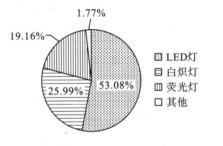

图 7.22 调查用户的使用灯具类型

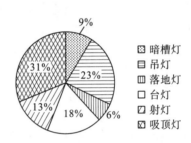

图 7.23 不同灯具安装形式比例

7.4 空 气 品 质

根据室内污染物的来源，总挥发性有机化合物(TVOC)、甲醛等与建筑材料和装修材料有关，属于一次性污染，且室内浓度与建成时间或室内装修时间密切相关。PM2.5、PM10、CO_2 等与建筑的运行相关性较大，属于伴随性污染。本次调查针对装修时间、异味感受、异味来源以及开窗状态等进行了调研，分别得到图 7.24～图 7.27 的结果。

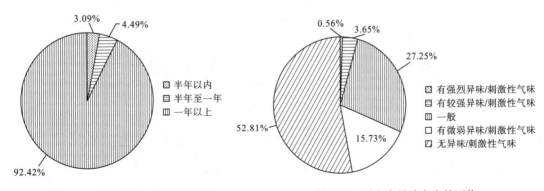

图 7.24 住户距上一次装修时间

图 7.25 对室内异味大小的评价

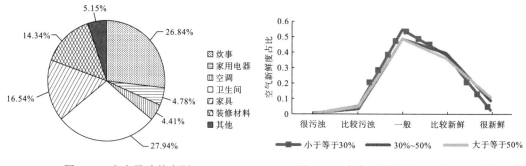

图 7.26 室内异味的来源   图 7.27 窗户开启比例与室内空气新鲜度

由图 7.24 可见，本次调研的居室装修时间大部分在一年以上，其占比为 92.42%。从图 7.25 和图 7.26 可以看出，受访者认为室内存在异味的占比 47.82%，其来源主要是卫生间、炊事、家具、装修材料等。而结合装修时间的调查结果，住户大部分是装修一年以上，因此来源装修材料的污染来源已经很少，但问卷反映出受访者认为污染来源是装修材料的比例仍然不算低，占到了 14.34%。这从侧面反映出虽然室内污染受到人们的关注，但由于污染本身存在较大的隐蔽性和不确定性，一般的居住者并不能非常准确地对污染源进行判断和确定。

而图 7.27 一方面反映出调研住户中的空气新鲜度评价随窗户开启比例加大有所升高，另一方面也反映出当前建筑状态下，开窗对于室内空气新鲜度的影响并没有想象中大。这说明在居住建筑室内，由于人员、设备等的单一性，其对于新风的主观需求与公共建筑存在一定的差异。

而针对与空气质量密切相关的、近年来广受关注的雾霾问题，调研也进行了雾霾状态、室内空气新鲜度、满意度等调研，如图 7.28～图 7.31 所示。

从图 7.28 可以看出，北京地区雾霾状况较为严重，其次是辽宁，其相应的室内新鲜度（图 7.29）与空气满意度（图 7.30）也较差。

图 7.31 可以看出，北京地区使用空气净化措施的比例较大，说明人们会根据各地空气质量的整体状况，对应选择被认为有效果的处理措施，而这些措施中，除空气净化器外，植物盆栽也占了 33.93%。

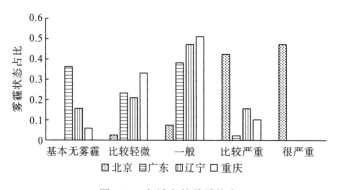

图 7.28 各城市的雾霾状态

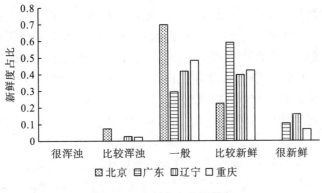

图 7.29　各城市室内新鲜度

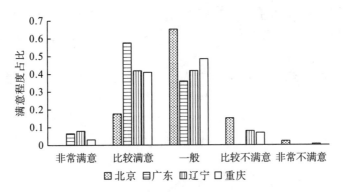

图 7.30　各城市室内空气满意程度

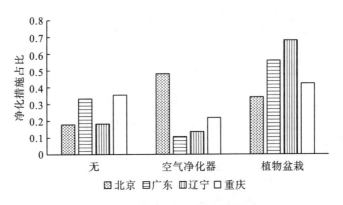

图 7.31　各城市的空气净化措施

7.5　小　　结

通过对居住建筑网上调研分析表明,当前居住建筑中,声环境、光环境、热环境及空气品质这四个方面均存在一定的不足,主要反映在以下几个方面:

(1)室内热环境。室内居住建筑冬夏季均存在热不舒适的情况,风管机空调在一定程度上解决了温度场问题。冬季体现出南北方供暖的差异,北方大部分人感觉超出了舒适的范围，达到了热的感受，出现了明显的干燥感觉，由此可见北方供暖的供热强度偏大，对室内热环境的舒适性控制较差。同时，居建室内存在温度不均匀的感受。

（2）声环境。受访者感受到噪声较为强烈，主要来源是交通噪声和社会噪声。对于噪声感受较明显的位置分别是相邻设备机房（占 57.2%）＞相邻高速（城市快速）公路（占54.3%）＞相邻施工场地（占 50%）＞相邻地铁、铁路（超过 40%）。而对于玻璃的隔声效果，单层和双层玻璃并没有表现出明显差异，窗户隔声性能在实际应用中还可能受到很多因素影响。

（3）光环境。大部分居住建筑受访者对光照效果比较满意，满足居住建筑内住户活动所需光照。在对灯具类型的调研中发现由于受到 LED 灯的特性影响，其作用效果并没有完全体现。

（4）空气品质。室内污染存在较大的隐蔽性，因此受访者往往并不能非常准确地进行判断和确定。室内空气质量受外界大气环境质量影响较为直接，空气品质感受会受室外雾霾情况、开窗比例等影响。

同时，本次调研还统计了居住建筑中人们对于室内物理环境改造的需求，认为室内环境亟须改造的占比为 28.93%，一半以上的人对自己住宅的改造持中立态度（图 7.32）。对于受访者们重点关注的对象，按分值评价人们对室内物理环境的关注度（满分为 4 分）如图7.33 所示，人们对空气品质的关注度最高，最期望得到改善的是空气质量，第二关注对象为

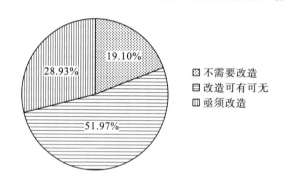

图 7.32   人们对于室内环境改造的态度

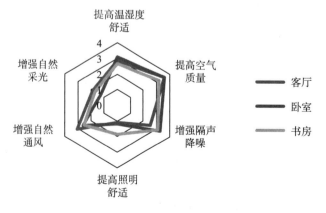

图 7.33   人们对居住建筑室内物理环境的改善期望

隔声降噪。按关注度得分排序依次为提高空气质量(约为 3.44 分)＞隔声降噪(约为2.96分)＞提高温湿度舒适＞(约为2.87分)＞增强自然通风(约为2.73分)＞增强自然采光(约为1.60分)＞提高照明舒适(约为1.37分)。由此可以看出,对于改造,受访者希望首要目标是提高空气质量,提高照明舒适和增强自然采光受到的关注度最低。

作者:重庆大学　丁勇、曾雪花

第8章　自然通风在绿色建筑设计中的应用研究

8.1　自然通风研究进展

本节将从自然通风的研究方法、风压通风、热压通风等方面对自然通风的研究进展进行综述(图 8.1)。

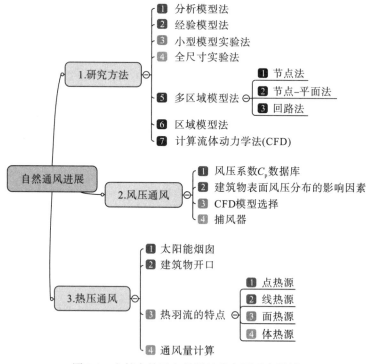

图 8.1　文献中关于自然通风的主要研究领域

8.1.1　自然通风研究方法综述

为了更好地研究自然通风，需要掌握研究气流流动的方法和工具。这些方法和工具对绿色建筑中自然通风的设计意义重大。文献[1,2]对各种研究模型进行了分类，例如，分析模型、经验模型、小型模型实验、全尺寸实验、多区域模型、区域模型和计算流体动力学(CFD)。不同的模型之间在计算复杂度和预测精度上各不相同。

首先，分析模型法或经验模型法都是基于对流体动力学和传热学的理论方程的分析和简化而来。在通风设计实践的早期阶段，分析模型和经验模型主要有助于快速评估通风性能。模型开发中固有的简化和近似使其应用范围具有一定局限性。大部分模型都是使用在相似或相近的几何结构下，以确保可接受的预测精度[2]，如预测具有两个开口的单个区域的自然通风量的模型[3]，描述封闭空间的流量、压差和有效泄漏面积之间的关系的模型[4]。除了分析法外，研究人员还根据实验数据建立了经验模型。与分析模型相似，经验模型也是基于对质量、能量和压力守恒方程求解得出，与分析法不同，经验模型很多时候参考和整合了实验数据及 CFD 模拟数据。通过这些数据得出一些参数或系数的取值。与分析模型相比，经验模型所做的假设和简化会更多，并且更多地结合了实验和模拟的统计数据。其中一个例子是 NIOSH[4]用基于 67 个空气传播传染病隔离室数据开发了描述流量、压差与渗透面积之间的经验模型。该模型可以预测空气传播传染病隔离室的渗透面积。另外，实验模型也广泛应用于通风的研究当中。根据实验规模，这些实验模型可进一步分为缩比实验模型和全尺寸实验模型[2]。在大多数情况下，这两种不同尺度的实验可以提供可靠的通风性能评估结果。由于流体不是所有的特性都可以同时满足相似理论，使得缩比实验模型难以完全推广到实际应用中。而全尺寸实验通常空间尺寸大且经济成本太高，因此，研究者一般都使用缩比模型实验来验证 CFD 仿真模型。

全尺寸和缩比模型实验由于其时间和经济成本，其应用有很大的局限性。利用 CFD[5-8]对自然对流换热进行研究，可以得到详细的温度和速度分布，因此近年来 CFD 得到越来越广泛的应用。然而，CFD 的计算成本通常很高，尤其是在建筑物几何结构复杂的情况下。此外，在概念设计阶段不一定需要生成高分辨率的结果，因此简化的理论模型更适合于早期建筑气流设计的指导。下面将对比较有代表性的通风模型进行回顾。Bruce 等[9,10]阐述了中性面概念，并通过 Down[11,12]对该理论进行了实验验证。Linden[13]描述了房间中的垂直分层，并开发了一个数学模型。Li[14]将内表面辐射添加到分层模型中。Oca[15]研究了温室内由热压驱动的自然通风。作者开发了一个数学模型，并使用盐水小规模模型进行了实验验证。Fitzgerald 和 Woods[16]研究了烟囱效应对单室自然通风的影响，并推导出了一种分析方法，其中区域模型(zonal model)仅限于单个房间，而多区域网络模型(multi-zone model)可以处理复杂的分区网络。在多区域网络模型中，每个房间都是一个节点，而假设空气完全混合均匀，这样就可以根据质量守恒和机械能守恒来求解控制方程，从而获得整个建筑的通风状态[17]。由此产生的软件(如 Comis 和 Contam)以这种方式求解控制方程[18-20]。Chen 等[21]利用多区域网络模型研究了实验室通风，并演示了通风的优化。Tan[22,23]开发了一个新的多区域网络模型程序 MMPN。Tan 还讨论了大空间的通风问题(如中庭)和大开口问题。他指出将中庭分成至少两个较小的区域，可以得到更精确的结果。Li 等[24]将传热模型与多区域模型耦合，然后将气流速度反馈给传热计算模型，通过反复的数据交换，直到温度和气流速度达到稳定的结果。此外，还实施了 CFD 交叉验证。Haghighat 和 Megri[25]对 COMIS 和 CONTAM 进行了全面的验证，结果表明两者之间的一致性很好。将 COMIS 与室内气溶胶动力学模型(MIAQ4)相结合，预测三室房间的颗粒扩散。室内释放了 SF6 和环境烟草烟雾颗粒，并将浓度的测量结果与模型预测结果进行了比较[26]。另外，还有研究者开发了一种状态空间方法作为求解多区域中浓度的补充方法[27]。对于单个区域进行完全混合均匀的假设也是有局限性的，对于具有局部强浮升力、污染物浓度梯度大或动量大的气流该假设将产生误差。Schaelin[28]、Upham[29]、Clarke[30]和 Wang[31]指出了该空间气流均匀假设的局限性问题。Wang 和 Chen[31]发现，对于无量纲温度梯度小于 0.03、区域内阿基米德数大于 400、射流动量在到达下游路径开口前已经耗散的空间，多区模型中的这些假设是可以接受的。为了解决上述问题并获得特定区域的详细气流和颗粒分布，几位研究人员将 CFD 与现有的多区域模型相结合[22,32-36]。Schaelin[28]在 1993 年首次提出了这种方法，而 Negrao 和 Clarke[37,38]发展了一种耦合模式，但他们的研究表明，不同的耦合方法产生的结果不同。Musser[39]和 Yuan[40]将 CFD 模拟与多区域模型相结合，并预设了速度作为已知量，从而避免边界处的流量冲突的问题。考虑到耦合程序的复杂性，需要先确定该数值解的存在性。Wang 和 Chen[33,34]证明了通过将污染物与 CFD 耦合来求解空气分布的方法是存在的，并且是独特的。同时进行了实验验证。Tan[22]采用耦合方法对热压通风和风压通风进行了模拟，提出了压力耦合概念，将多区域模型与 CFD 域之间进行压力传递。它根据气象数据和内部热负荷计算室内空气温度，并有一个基于网络的输入界面。将多元流体力学与 CFD 相结合，研究了风压和热压驱动下的自然通风问题。但该方法仅将多区域模拟的流动结果作为计算流体力学的边界条件。只有洋葱法 [41]能够完全耦合热量和气流。

对于以上提到的多区域模型，它们在建筑行业中有着广泛的应用。多区域模型通过求解质量和能量方程来预测建筑物内的气流模式。这种模型忽略了空气的动量。此外，该模型假定空气在每个区域中充分混合，这样一个区域就可以由统一定义的物理参数(例如，整个区域的单个空气温度、压力和相对湿度)有效地表示。Feustel 等[42]进行了一项调查，研究了 50 个多区域模型，其中包括 COMIS[43,44]、CONTAM[45]、Airnet[46]、BREEZE[47]，另外国外比较著名的还有 NatVent[48]、PASSPORT Plus[49]、AIOLOS[50]等，国内则有 DeST[51-53]和 VENT[54]软件，被广泛应用于地上建筑模拟。COMIS 是首先用于气流预测的多区域模型之一，该模型包括一个用于计算建筑物正面标准化风压系数的模块[43,44,55]，这对于计算给定风速和风向下通过立面的瞬时气流至关重要。然而，上面的一些模型只支持传热和流动模型的有限耦合。在大部分情况下，节点温度是流量模拟的已知输入条件。该方法并未实现温度与流动的完全耦合。根据 Axley[17]的分类，有一个节点模型(nodal model)的替代方案，作者称之为回路法模型(looped model)，已用于分析液压网络[56]和矿井通风[57,58]。

总体而言，目前应用最广泛的仍然是 CFD 模拟法。

8.1.2　风压通风综述

近年来，建筑物立面风压分布问题引起了人们的广泛关注。定义了压力系数(C_p)来描述建筑物表面的压力分布。通过风洞实验、CFD 模拟和现场实测，获得了大量的数据。然后，对更一般的情况进行处理。这些数据来源包括：①ASHRAE[59]；②AIVC/CIBSE[60]；③CpGenerator[61-63]；④CPCALC+[55,64]。这些数据源是二次数据源，已被用作多区域气流网络模型中计算气流和能耗的输入数据。通过直接现场测量、CFD 模拟和风洞试验获得的目标建筑物的压力系数是主要来源。已有研究[65-69]表明，不同的 C_p 数据源会影响气流和能耗预测的准确性。首先，使用 CFD 模拟得到的表面平均 C_p 而不是局部 C_p 来计算气流和能量会引起不确定性；其次，不同次数据源的 C_p 对 AFN-BES 耦合模型有显著影响；再次，不同的网格类型和大小也会影响风压的保真度；最后，由一次风源和二次风源预测的风动通风也可能造成差异。总的来说，一次源的自适应往往能获得更精确的结果，特别是在几何和边界条件得到确定的情况下。

风速和风向[70,71]、建筑几何[72,73]、立面构造细节[74-76]和周围建筑[77,78]等不同参数会影响建筑物周围的风压分布。考虑到风速的影响，当气流与雷诺数无关时，通常将 C_p 视为与风速无关，而忽略浮力效应。但当速度较低时，该假设可能是无效的[60]。研究发现，当风垂直于建筑物表面时，迎风面风压系数最大，一般为正；当风向平行于建筑物表面时，迎风面风压系数最小，一般为负。实际上，风压系数只是用来表示风压相对强度的一个参数，其值代表了风压的分布特征。对于立面详图，研究了阳台对风压分布的影响。基于无开孔风压来预测有开孔通风是不够准确的[74-76]。因此，当内部和外部气流之间的相互作用可能影响建筑物立面上的风压分布时。由于周围建筑物的影响，现有的研究表明，利用现有的二次数据源来计算幕墙的实际风压是不够准确的。因为建筑物的朝向、密度、高度、迎风面的不均匀性、形状和布局是风压预测的关键参数[77,78]。这些二次数据源没有考虑这些城市参数的影响。据我们目前所知，风洞试验和 CFD 模拟将是获得特定几何形状和周围结构风压的最直接方法。考虑到时间成本和预算成本，CFD 是最合适和可靠的选择。

在建筑物表面风压系数的预测中，CFD 的计算模型较多，常用的有 LES[79-82]，RANS[68,76,83-86]和 RANS-LES 混合模型[77,87]。在大多数情况下，RANS 模型可以为风压预测提供可靠的结果。现有的研究采用了不同的湍流模型，如标准 k-ε 模型[68]、RNG k-ε 模型[85]和其他半经验 k-ε 模型[86]。通过模型比较和 CFD 计算结果与实验结果的比较，验证了本章的研究成果。此外，还研究了对网格类型和大小的敏感性[68]。总之，目前的研究表明，RANS 方法在风压预测领域仍有广泛的应用，模拟结果与实验结果吻合较好。然而，与RANS 方法相比，LES 方法倾向于产生更可靠和更准确的结果，从而降低了计算成本[88]。Yang 等指出，当脉动流量超过平均流量时，RANS 模型不准确，应采用 LES 模型[83]。

捕风器和风塔是诱导建筑物自然通风中非常实用的装置。许多现有的研究集中于各种参数如何影响通风性能[89-98]。这些因素包括主导风的入射角[89-93]、风速[89,92]、上游建筑物[91]、附加构件[94]、墙体的热物性参数[95]、内部气流和外部气流之间的相互作用[96]、与其他系统的耦合捕风器[97]和几何结构[98]等。对于来流风的入射角度，没有固定的最佳入射角。总体来说，90 度的入射角似乎有更好的表现。对于室外环境，一些研究考虑了上游建筑物的影响，而另一些研究只考虑了捕风器单独的作用。上游建筑物将影响捕风器和风塔周围的压力场和速度场，从而影响预测结果。室外环境的另一个方面是边界条件，一些研究考虑了均匀入口速度，而另一些研究考虑了大气边界条件(ABL)。与均匀假设相比，风洞和 CFD 模拟中的 ABL 更为精确。

8.1.3　热压通风综述

热压通风是由于温度差造成的密度差从而引起的空气流动。早在 1954 年，Batchelor[99]就研究了气流的浮力效应。热压形成的原因很多，可以是围护结构传热，也可以是内部热源引起的室内温度升高。其中研究比较多的有太阳能烟囱诱导热压通风[100,101]、双层玻璃幕墙加强自然通风[102-107]、室内热羽流形式、热压与风压联合作用或热压单独作用下的建筑内部的单侧通风[108]或双侧穿堂风[109,110]等。太阳能烟囱对通风量的影响主要集中在研究太阳能烟囱本身的一些性质的影响，如入口的位置[111]、入口尺寸[112]、特定地理维度位置下的烟囱的倾角[113-116]、表面材料性能[111,117]、高宽比[118-121]等。还有研究如何通过优化高宽比和倾角来避免太阳能烟囱内部产生局部回流，从而增大有效通风量[118]。另外，有学者通过开发算法，将太阳能烟囱的计算嵌入 Energyplus，从而更好地预测建筑能耗[119]。双层玻璃幕墙的自然通风研究，很多是集中在幕墙本身的一些性质对通风和降温的效果影响，这些幕墙的性质包括空腔的深度[122,123]、遮阳设施[124,125]、幕墙的外层玻璃的性质[126,127]、幕墙结构[128]及空腔的开口[129]等。

　　热羽流对室内空气流动和温度分层的影响很大[130]。羽流主要是由室内的各种热源造成的，如人体、设备和其他冷表面或热表面。羽流由对流产生，是由空气的温差造成的，热源周围的空气被热源加热造成浮升力卷吸。羽流最初的研究是在无几何边界的环境中进行的，Mundt[131]分别提出了垂直表面、水平表面、线热源和点热源所形成羽流的体积流量计算公式。Linden 和 Cooper[132,133]研究了两个或多个热源羽流相互干涉的影响。赵鸿佐[134]对室内空间内浮力羽流的热分层进行了梳理和研究，给出了室内热分层高度的经验公式。

　　还有大量的研究关注热压通风的通风量，该参数对于评价通风效果至关重要。Andersen[135]对具有内部热源的单区域双开口建筑的自然通风风量计算进行了理论推导，得到在室内温度均匀假设情况下的总通风量计算公式。Hunt 和 Linden[136]对在风压辅助作用下的热压通风的机理进行了研究，得出理论计算通风量的公式。Gan[137]利用 CFD 模拟的方法，讨论了 CFD 模型尺寸的选择对房间热压通风量的预测准确性的影响。为了准确预测通风量，计算模型尺寸要求大于实际建筑物的尺寸。Warren[138]基于对两栋建筑的实测，提出了针对单侧开口的热压通风经验公式。De 和 Phaff[139]则基于对 33 栋建筑的实测，提出考虑了风压和热压的相互叠加作用下的单侧通风的风量计算的经验公式。从某种意义上讲，以上都是基于半经验和统计实测得出的计算公式，特别是在考虑风压的情况下，公式中并没有考虑不同朝向和开口位置对风压系数的影响。对于单侧通风，特别是当风压和热压同时作用时，通风存在随时间的脉动性。即可能上一时刻流入，而下一时刻流出的情况。同时，同一开口可能存在双向流动。该特征使得单侧通风的风量计算更加复杂。针对单侧通风的以上特点，Jiang 等[140]提出在 CFD 模拟后，用积分法计算单侧通风的通风量，累加计算每个网格平均流速与网格面积的乘积，之后取总量的一半作为单侧通风的总风量。另外，Ai 和 Mak[141,142]提出用 CFD 模拟示踪气体浓度下降法计算单侧通风量，以二氧化碳作为示踪气体，通过求解房间内部二氧化碳随时间的变化，求解通风量。还有一种比较特殊的状况为水平单侧热压通风，其有趣之处在于水平开口的上部空气密度大于下部。这将造成不稳定流动，相对较轻的下部流体将向上流动而相对较重的上部流体又会向下流动。Epstein[143]讨论了热压通风通过水平小开口流动情况。并通过盐水实验得出不同的开口长宽比与无量纲流量之间的关系。Heiselberg 和 Li[144]指出了单侧水平开口热压通风的不稳定性，作者进行了全尺寸实验，并用示踪气体方法进行了瞬态测试，描绘了不同水平开口尺寸下热压通风量随时间的动态变化过程。并对 Epstein[143]的关系式进行了修正。关于通风量计算中存在的单侧通风脉动性和水平开口热压通风的不稳定性，主要描述的是通风随时间的不稳定性变化。

8.2　自然通风在建筑设计中的应用

8.2.1　场地设计

1. 重庆市的室外气象数据特点

重庆位于中国内陆西南部、长江上游地区，地貌以丘陵、山地为主，其中山地占 76%，重庆气候温和，属亚热带季风性湿润气候，是宜居城市，年平均气候在 16～18℃ 左右，冬季最低气温平均在 6～8℃，夏季较热，七月、八月日最高气温均在 35℃ 以上，日照总时数 1000～1200 小时，无霜期长、雨量充沛、常年降雨量 1000～1450 毫米，春夏之交夜雨尤甚。

根据《中国建筑热环境分析专用气象数据集》中重庆地区典型气象年的气象参数统计得 10% 大风风速、平均风速、风向频率等参数如表 8.1 所示。

表 8.1　重庆地区典型气象年气象数据

风向	夏季			过渡季			冬季		
	风向频率%	平均风速 m/s	10%大风 m/s	风向频率%	平均风速 m/s	10%大风 m/s	风向频率%	平均风速 m/s	10%大风 m/s
N	3.99	2.10	4.00	7.50	1.90	3.00	8.24	1.60	2.00
NNE	5.98	2.40	4.00	6.61	2.00	3.00	6.09	1.70	3.00
NE	3.65	1.90	2.00	3.21	1.90	3.00	8.24	1.70	2.00
ENE	3.32	2.10	3.00	5.54	1.90	3.00	5.38	1.50	2.00
E	4.32	1.80	3.00	4.46	2.40	3.00	4.30	1.80	3.00
ESE	1.99	1.80	2.00	4.11	2.30	3.00	2.87	2.10	4.00
SE	1.66	2.20	3.00	2.32	2.00	2.00	2.15	2.50	3.00
SSE	5.32	2.00	3.00	3.21	1.90	3.00	0.72	2.00	3.00
S	3.99	2.60	5.00	2.32	2.20	3.00	4.30	1.50	2.00
SSW	2.99	2.40	3.00	2.32	1.50	2.00	3.94	1.60	2.00
SW	9.97	2.00	3.00	4.46	1.70	3.00	5.02	1.70	2.00
WSW	3.99	1.50	2.00	3.39	1.70	3.00	3.94	1.50	2.00
W	6.31	1.60	2.00	3.93	1.50	2.00	5.02	1.50	3.00
WNW	7.64	1.90	3.00	10.00	1.70	3.00	8.60	1.50	2.00
NW	20.93	1.80	3.00	16.25	1.80	3.00	18.28	1.70	2.00
NNW	13.95	2.10	3.00	20.37	2.00	3.00	12.91	1.60	2.00

注：①表格中的风速为各季节不同风向的平均风速。平均风速统计方法为先统计相应时间段内各风向的频率，再统计各风向上的平均风速。②表格中 10% 大风风速统计方法为将相应时间段内的风速按升序进行排列，取数据中排列在 90% 的值为 10% 大风的风速。③表格中的风向用字母表示，其中，N 表示北风，E 表示东风，W 表示西风，S 表示南风。

由表 8.1 可见，重庆地区主导风向不明显，夏季、过渡季、冬季多西北风和北西北风，风向频率分别约为 34.88 %、36.62%、31.19%。

2. 室外风环境的相关规定

《重庆市绿色建筑评价标准》（DBJ50T—066—2020）中第 8.2.9 条规定如下。

8.2.9 场地内风环境有利于室外行走、活动舒适和建筑的自然通风，评价总分值为 10 分,并按下列规则分别评分并累计:

(1)在冬季典型风速和风向条件下，按下列规则分别评分并累计。

①建筑物周围人行区距地高 1.5m 处风速小于 5m/s，户外休息区、儿童娱乐区风速小于 2m/s，且室外风速放大系数小于 2，得 3 分;

②除迎风第一排建筑外，建筑迎风面与背风面表面风压差不大于 5Pa，得 2 分。

(2)过渡季、夏季典型风速和风向条件下，按下列规则分别评分并累计。

①场地内人活动区不出现涡旋或无风区，得 3 分;

②50%以上可开启外窗室内外表面的风压差大于 0.5Pa，得 2 分。

3. 场地设计中加强自然通风的策略

1)建筑排列

建筑密度、建筑朝向、建筑布局形式等，将影响室外的通风效果(图 8.2 和图 8.3)。

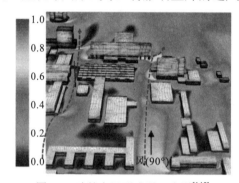

图 8.2　建筑布局形成通风廊道[145]

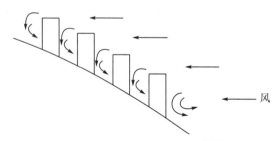

图 8.3　高低错落的空间布局[146]

2)建筑形体

建筑物的形状和尺寸对室外风环境影响很大。宜合理调整建筑的高宽比，使得建筑物周围迎风面与背风面的压力合理分布，并避免背风面形成漩涡区（图 8.4 和图 8.5）。

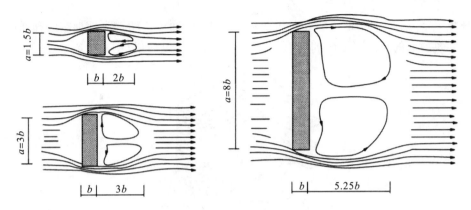

图 8.4　建筑长度对气流的影响

资料来源：建筑节能技术. 北京：中国计划出版社，1996

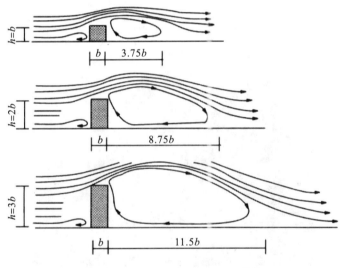

图 8.5　建筑高度对气流的影响[147]

另外，尖锐的建筑边界具有流速放大效应（图 8.6）。还可以通过流线型设计降低风速的放大系数，部分建筑也可通过流线型设计减少建筑的风荷载。

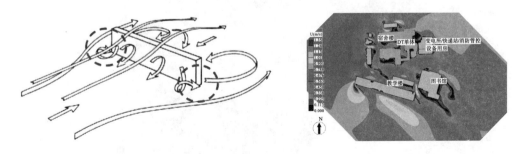

图 8.6　建筑的边界增强效应

3) 首层架空

环境风绕过建筑时，迎风面和背风面将形成压差。通过在建筑底部架空或开通风廊道，会由于建筑前后的压差形成风的加速效应，形成自然通风效果（图 8.7）。

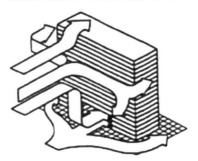

图 8.7　底层架空增加自然通风[148]

4) 绿化导风和防风

为了缓解冬季某些区域风速过大的情形，在空地上可以通过布置一些树木，达到缓解建筑迎风面与背风面压差过大的效果（图 8.8 和图 8.9）。

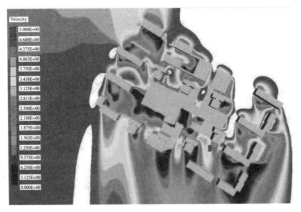

图 8.8　冬季建筑表面风压

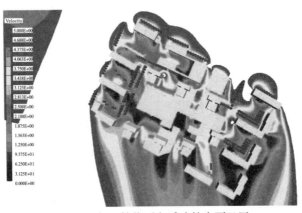

图 8.9　加入植物后冬季建筑表面风压

8.2.2　建筑单体通风设计

建筑单体可通过单侧通风、贯流通风、捕风器(塔)、中庭通风、太阳能辅助通风、文丘里效应等措施来实现建筑自然通风的设计。而通风效果则可以通过本书前文中提到的风洞模型实验、CFD 模拟计算等手段来评估设计效果。

1. 单侧通风

单侧通风的房间深度应该小于高度的 2.5 倍(图 8.10)。加大外窗可开启面积,多层住宅外窗宜采用平开窗,增强室内自然通风。

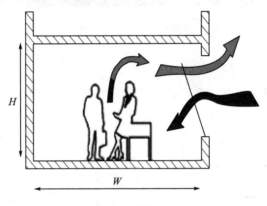

图 8.10　单侧通风

2. 贯流通风

通过调整开窗位置和大小和平面布局来实现贯流通风。为了达到通风效果,贯流通风的深度 W 一般要小于建筑高度的 5 倍(图 8.11)。

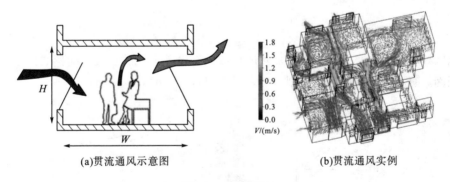

(a)贯流通风示意图　　　　　　　　(b)贯流通风实例

图 8.11　贯流通风

3. 捕风器

在建筑屋顶面对来流方向设置捕风器,用以拦截气流并将其引导进入室内(图 8.12)。

图 8.12　捕风器通风

4. 中庭通风

当建筑进深过大或有热压可利用时，可设置中庭进行自然通风(图 8.13)。

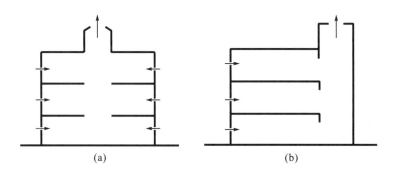

　　　　(a)　　　　　　　　　　　　　　　　　(b)

图 8.13　中庭通风

5. 太阳能辅助通风

　　烟囱效应是利用高差和太阳能加热所形成的密度差形成的空气流动形式。合理设置太阳能烟囱，有利于节约能源，实现自然通风效果(图 8.14)。

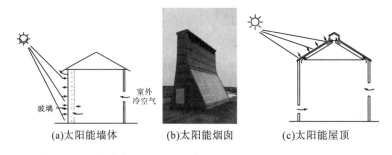

(a)太阳能墙体　　　　(b)太阳能烟囱　　　　(c)太阳能屋顶

图 8.14　太阳能辅助通风

6. 文丘里效应

文丘里效应是受限气流通过缩小断面产生局部加速，静压减小的现象。由于局部的静压减小，屋顶小面的空气将被倒吸出来，从而加强自然通风效果（图 8.15）。

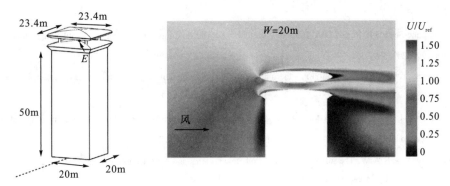

图 8.15　文丘里效应增强自然通风[149]

作者：重庆交通大学建筑与城市规划学院　刘亚南、董莉莉

参 考 文 献

[1] Wang H, Zhai Z. Advances in building simulation and computational techniques: A review between 1987 and 2014[J]. Energy and Buildings, 2016, 128(15): 319-335.

[2] Chen Q. Ventilation performance prediction for buildings: A method overview and recent applications[J]. Building and Environment, 2009, 44(4): 848-858.

[3] Li Y, Delsante A. Natural ventilation induced by combined wind and thermal forces[J]. Building and Environment, 2001, 36(1): 59-71.

[4] Hayden C S, Earnest G S, Jensen P A. Development of an empirical model to aid in designing airborne infection isolation rooms[J]. Journal of Occupational and Environmental Hygiene, 2007, 4(3): 198-207.

[5] Gao X, Li A, Yang C. Study on thermal stratification of an enclosure containing two interacting turbulent buoyant plumes of equal strength[J]. Building and Environment, 2018, 141(15): 236-246.

[6] Kuznetsov G V, Sheremet M A. Numerical simulation of convective heat transfer modes in a rectangular area with a heat source and conducting walls[J]. Journal of Heat Transfer, 2010, 132(8): 1063-1069.

[7] Miroshnichenko I V, Sheremet M A. Turbulent natural convection heat transfer in rectangular enclosures using experimental and numerical approaches: A review[J]. Renewable and Sustainable Energy Reviews, 2018, 82: 40-59.

[8] Miroshnichenko I V, Sheremet M A, Mohamad A A. Numerical simulation of a conjugate turbulent natural convection combined with surface thermal radiation in an enclosure with a heat source[J]. International Journal of Thermal Sciences, 2016, 109: 172-181.

[9] Bruce J M. Natural convection through openings and its application to cattle building ventilation[J]. Journal of Agricultural Engineering Research, 1978, 23(2): 151-167.

[10] Bruce J. Ventilation of a model livestock building by thermal buoyancy[J]. Transactions of the ASAE, 1982, 25(6): 1724-1726.

[11] Down M J, Foster M P, Mcmahon T A. Experimental verification of a theory for ventilation of livestock buildings by natural convection[J]. Journal of Agricultural Engineering Research, 1990, 45(4): 269-279.

[12] Foster M P, Down M J. Ventilation of livestock buildings by natural convection[J]. Journal of Agricultural Engineering Research, 1987, 37(1): 1-13.

[13] Linden P F, Lane-Serff G F, Smeed D A. Emptying filling boxes: The fluid mechanics of natural ventilation[J]. Journal of Fluid Mechanics, 1990, 202: 309-335.

[14] Li Y. Buoyancy-driven natural ventilation in a thermally stratified one-zone building[J]. Building and Environment, 2000. 35(3): 207-214.

[15] Oca J, Montero J I, Antón A, et al. A Method for studying natural ventilation by thermal effects in a tunnel greenhouse using laboratory-scale models[J]. Journal of Agricultural Engineering Research, 1999, 72(1): 93-104.

[16] Fitzgerald S D, Woods A W. The influence of stacks on flow patterns and stratification associated with natural ventilation[J]. Building and Environment, 2008, 43(10): 1719-1733.

[17] Axley J. Multizone airflow modeling in buildings: History and theory[J]. Hvac and R Res, 2007:907-928.

[18] Khoukhi M, Yoshino H, Liu J. The effect of the wind speed velocity on the stack pressure in medium-rise buildings in cold region of China[J]. Building and Environment, 2007, 42(3): 1081-1088.

[19] Khoukhi Y M. A simplified procedure to investigate airflow patterns inside tall buildings using COMIS[J]. Architectural Science Review, 2007, 50(4): 365-369.

[20] Sohn M D, Apte M G, Sextro R G, et al. Predicting size-resolved particle behavior in multizone buildings[J]. Atmospheric Environment, 2007, 41(7): 1473-1482.

[21] Chen Q, Lee K, Mazumdar S, et al. Ventilation performance prediction for buildings: Model assessment[J]. Building and Environment, 2010, 45(2): 295-303.

[22] Tan G, Glicksman L R. Application of integrating multi-zone model with CFD simulation to natural ventilation prediction[J]. Energy and Buildings, 2005, 37(10): 1049-1057.

[23] Tan G. Study of Natural Ventilation Design by Integrating the Multi-Zone Model with CFD Simulation[M]. Massachusetts: Massachusetts Institute of Technology, 2005.

[24] Li Y, Delsante A, Symons J. Prediction of natural ventilation in buildings with large openings[J]. Building and Environment, 2000, 35(3): 191-206.

[25] Haghighat F, Megri A C. A comprehensive validation of two airflow models - COMIS and CONTAM[J]. Indoor Air, 2010, 6(4): 278-288.

[26] Sohn M D, Apte M G, Sextro R G, et al. Predicting size-resolved particle behavior in multizone buildings[J]. Atmospheric Environment, 2007, 41(7): 1473-1482.

[27] Parker S T, Bowman V. State-space methods for calculating concentration dynamics in multizone buildings[J]. Building and Environment, 2011, 46(8): 1567-1577.

[28] Schaelin A, Dorer V, Maas J V D, et al. Improvement of multizone model predictions by detailed flow path values from CFD calculations[J]. ASHRAE Transactions, 1993, 99: 709-720.

[29] Upham R D, Grenville K Y, William P B. A validation study of multizone airflow and contaminant migration simulation programs as applied to tall buildings / discussion[J]. ASHRAE Transactions, 2001, 107(2): 629-644.

[30] Clarke J. Domain integration in building simulation[J]. Energy and Buildings, 2001. 33 (4): 303-308.

[31] Wang L, Chen Q. Evaluation of some assumptions used in multizone airflow network models[J]. Building and Environment, 2008, 43 (10): 1671-1677.

[32] Wang L, Chen Q. On solution characteristics of coupling of multizone and CFD programs in building air distribution simulation[J]. Building Simulation, 2005,8: 1315-1322.

[33] Wang L, Chen Q. Theoretical and numerical studies of coupling multizone and CFD models for building air distribution simulations[J]. Indoor Air, 2007, 17 (5): 348-361.

[34] Wang L, Chen Q. Validation of a coupled multizone-CFD program for building airflow and contaminant transport simulations[J]. Hvac and R Research, 2007, 13 (2): 267-281.

[35] Wang L, Chen Q. Applications of a Coupled Multizone-CFD Model to Calculate Airflow and Contaminant Dispersion in Built Environments for Emergency Management[J]. Hvac and R Research, 2008, 14 (6): 925-939.

[36] Wang L, Dols W S, Chen Q. Using CFD capabilities of CONTAM 3. 0 for simulating airflow and contaminant transport in and around buildings[J]. HVAC and R Research, 2010, 16 (6): 749-763.

[37] Negrao C, Clarke J A, Dempster W M, et al. The implementation of a computational fluid dynamics algorithm within the ESP-r system[J]. Proc Building Simulation, 1995: 166-175.

[38] Negrao C. Integration of computational fluid dynamics with building thermal and mass flow simulation[J]. Energy and Buildings, 1998, 27 (2): 155-165.

[39] Musser A. An analysis of combined CFD and multizone IAQ model assembly issues[J]. ASHRAE Transactions, 2001, 107: 371.

[40] Yuan J, Srebric J. Improved Prediction of Indoor Contaminant Distribution for Entire Buildings[C]// ASME 2002 International Mechanical Engineering Congress and Exposition. 2002.

[41] Hensen J. Modelling Coupled Heat and Airflow: Ping Pong vs Onions[C]// Document-Air Infiltration Centre Aic Proc. 1995.

[42] Feustel H E, Dieris J. A survey of airflow models for multizone structures[J]. Energy and Buildings, 1992, 18 (2): 79-100.

[43] Feustel H E. COMIS - an international multizone air-flow and contaminant transport model[J]. Energy and Buildings, 1999, 30 (1): 3-18.

[44] Feustal H E, Allard F, Dorer V, et al. COMIS fundamentals[Z]. California Digital Library,University of California:Berkeley 1990.

[45] Dols W S, Polidoro B J. CONTAM User Guide and Program Documentation Version 3. 2[Z]. Gaithersburg:National Institute of Standards and Technology 2015.

[46] Walton G N, Walton G N. Airnet: A Computer Program for Building Airflow Network Modeling[R]. Gaithersburg: National Institute of Standards and Technology Gaithersburg, MD, 1989.

[47] BREEZE B. 6. of User Manual[Z]. Watford: Building Research Establishment, 1994.

[48] Svensson. The NatVent Programme 1. 0 User's Guide[Z]. Sweden: J and W Consulting Engineers, Malmö, 1998.

[49] Balaras C, Alvarez S. Passport Plus Version 2. 1 User's Manual[Z]. Greece: University of Athens, 1995.

[50] Allard F, Allard F. Natural Ventilation in Buildings: A Design Handbook[M]. London: James and James London, 1998 .

[51] 张晓亮, 谢晓娜, 燕达, 等. 建筑环境设计模拟分析软件 DeST: 第 3 讲 建筑热环境动态模拟结果的验证[J]. 暖通空调, 2004, 34 (9): 37-50.

[52] 清华大学 DeST 开发组. 建筑环境系统模拟分析方法——DeST[M]. 北京: 中国建筑工业出版社, 2006.

[53] 李晓峰. 建筑自然通风设计与应用[M]. 北京: 中国建筑工业出版社, 2018.

[54] 田真, 晁军. 建筑通风[M]. 北京: 知识产权出版, 2018 .

[55] Mario, Grosso. Wind pressure distribution around buildings: A parametrical model[J]. Energy and Buildings, 1992, 18(2): 101-131.

[56] Savić D A, Walters G A. Integration of a model for hydraulic analysis of water distribution networks with an evolution program for pressure regulation[J]. Computer-Aided Civil and Infrastructure Engineering, 1996, 11(2): 87-97.

[57] Fytas K, Perreault S. EOLAVAL - A mine ventilation planning software. application of computers and operations research in the mineral industry[J]. Bandopadhyay, 2002, 413-421.

[58] Fytas K, Perreault S, Daigle B. EOLAVAL, A mine Ventilation Planning Tool[M]// Mine Planning and Equipment Selection 2000. 2018.

[59] Swami M V, Chandra S. Correlations for pressure distribution on buildings and calculation of natural-ventilation airflow[J]. Ashrae Transactions, 1988, 94(1): 243-266.

[60] Heijmans N. Impact of the Uncertainties on Wind Pressures on the Prediction of Thermal Comfort Performances[R]. Technical Report on CD.IEA-ECBCS Annex 35 Principles of Hybrid Ventilation, 2002.

[61] Phaff J. Continuation of Model Tests of the Wind Pressure Distribution on Some Common Building Shapes[R]. TNO Report, 1979.

[62] Phaff J. Model Tests of the Wind Pressure Distribution on Some Common Building Shapes[R]. TNO Report, 1977.

[63] Knoll B, Phaff J C, Gids W F D. Pressure coefficient simulation program[J]. Air Infiltration Review, 1996, 3(17):1-10.

[64] Marques D S F. Determination of Pressure Coefficients over Simple Shaped Building Models under Different Boundary Layers[Z]. Lisbon, 1994.

[65] Cóstola D, Blocken B, Ohba M, et al. Uncertainty in airflow rate calculations due to the use of surface-averaged pressure coefficients[J]. Energy and Buildings, 2010, 42(6): 881-888.

[66] Arendt K, Krzaczek M, Tejchman J. Influence of input data on airflow network accuracy in residential buildings with natural wind- and stack-driven ventilation[J]. Building Simulation, 2017. 10(2): 229-238.

[67] Herring S J, Batchelor S, Bieringer P E, et al. Providing pressure inputs to multizone building models[J]. Building and Environment, 2016, 101: 32-44.

[68] Asfour O S, Gadi M B. A comparison between CFD and Network models for predicting wind-driven ventilation in buildings[J]. Building and Environment, 2007, 42(12): 4079-4085.

[69] Ramponi R, Angelotti A, Blocken B. Energy saving potential of night ventilation: Sensitivity to pressure coefficients for different European climates[J]. Applied Energy, 2014, 123(3): 185-195.

[70] Costola D, Blocken B, Hensen J L M. Overview of pressure coefficient data in building energy simulation and airflow network programs[J]. Building and Environment, 2009, 44(10): 2027-2036.

[71] Charisi S, Waszczuk M, Thiis T K. Investigation of the pressure coefficient impact on the air infiltration in buildings with respect to microclimate[J]. Energy Procedia, 2017, 122: 637-642.

[72] Stathopoulos T. Wind environmental conditions around tall buildings with chamfered corners[J]. Journal of Wind Engineering and Industrial Aerodynamics, 1985, 21(1): 71-87.

[73] Bre F, Gimenez J M, Fachinotti V D. Prediction of wind pressure coefficients on building surfaces using artificial neural networks[J]. Energy and Buildings, 2018.

[74] Ai Z T, Mak C M, Niu J L, et al. The effect of balconies on ventilation performance of low-rise buildings[J]. Indoor and Built Environment, 2011, 20(6): 649-660.

[75] Chand I, Bhargava P K, Krishak N L V. Effect of balconies on ventilation inducing aeromotive force on low-rise buildings[J]. Building and Environment, 1998, 33(6): 385-396.

[76] Montazeri H, Blocken B. CFD simulation of wind-induced pressure coefficients on buildings with and without balconies: Validation and sensitivity analysis[J]. Building and Environment, 2013, 60(2): 137-149.

[77] Gough H, King M F, Nathan P, et al. Influence of neighbouring structures on building façade pressures: Comparison between full-scale, wind-tunnel, CFD and practitioner guidelines[J]. Journal of Wind Engineering and Industrial Aerodynamics, 2019, 189: 22-33.

[78] Li B, Liu J, Gao J. Surface wind pressure tests on buildings with various non-uniformity morphological parameters[J]. Journal of Wind Engineering and Industrial Aerodynamics, 2015, 137(137): 14-24.

[79] Jiang Y, Chen Q. Effect of fluctuating wind direction on cross natural ventilation in buildings from large eddy simulation[J]. Building and Environment, 2002, 37(4): 379-386.

[80] Nozu T, Tamura T, Okuda Y, et al. LES of the flow and building wall pressures in the center of Tokyo[J]. Journal of Wind Engineering and Industrial Aerodynamics, 2008, 96(10-11): 1762-1773.

[81] Chen A Q. Natural ventilation in buildings: measurement in a wind tunnel and numerical simulation with large-eddy simulation[J]. Journal of Wind Engineering and Industrial Aerodynamics, 2003. 91(3): 331-353.

[82] Jiang Y, Chen Q. Study of natural ventilation in buildings by large eddy simulation[J]. Journal of Wind Engineering and Industrial Aerodynamics, 2001, 89(13): 1155-1178.

[83] Yang T, Wright N G, Etheridge D W, et al. A comparison of CFD and full-scale measurements for analysis of natural ventilation[J]. International Journal of Ventilation, 2006, 4(4): 337-348.

[84] Tominaga Y. Comparison of various revised k–ε models and LES applied to flow around a high-rise building model with 1: 1: 2 shape placed within the surface boundary layer[J]. Journal of Wind Engineering and Industrial Aerodynamics, 2008, 96(4): 389-411.

[85] Evola G, Popov V. Computational analysis of wind driven natural ventilation in buildings[J]. Energy and Buildings, 2006, 38(5): 491-501.

[86] Baskaran A, Stathopoulos T. Computational evaluation of wind effects on buildings[J]. Building and Environment, 1989, 24(4): 325-333.

[87] King M F, Gough H L, Halios C, et al. Investigating the influence of neighbouring structures on natural ventilation potential of a full-scale cubical building using time-dependent CFD[J]. Journal of Wind Engineering and Industrial Aerodynamics, 2017, 169: 265-279.

[88] Blocken B. LES over RANS in building simulation for outdoor and indoor applications: A foregone conclusion?[J] Building Simulation, 2018, 11(5): 821-870.

[89] Pakari A, Ghani S. Airflow assessment in a naturally ventilated greenhouse equipped with wind towers: numerical simulation and wind tunnel experiments[J]. Energy and Buildings, 2019, 199: 1-11.

[90] Montazeri H, Montazeri F, Azizian R, et al. Two-sided wind catcher performance evaluation using experimental, numerical and analytical modeling[J]. Renewable Energy, 2010, 35(7): 1424-1435.

[91] Montazeri H, Azizian R. Experimental study on natural ventilation performance of one-sided wind catcher[J]. Building and Environment, 2008, 43(12): 2193-2202.

[92] Dehghan A A, Esfeh M K, Manshadi M D. Natural ventilation characteristics of one-sided wind catchers: Experimental and

analytical evaluation[J]. Energy and Buildings, 2013, 61 (6): 366-377.

[93] Afshin M, Sohankar A, Manshadi M D, et al. An experimental study on the evaluation of natural ventilation performance of a two-sided wind-catcher for various wind angles[J]. Renewable Energy, 2016, 85: 1068-1078.

[94] Elmualim A A. Effect of damper and heat source on wind catcher natural ventilation performance[J]. Energy and Buildings, 2006, 38 (8): 939-948.

[95] Hedayat Z, Belmans B, Ayatollahi M H, et al. Performance assessment of ancient wind catchers: An experimental and analytical study[J]. Energy Procedia, 2015, 78: 2578-2583.

[96] Zaki A, Richards P, Sharma R. Analysis of airflow inside a two-sided wind catcher building[J]. Journal of Wind Engineering and Industrial Aerodynamics, 2019, 190: 71-82.

[97] Haghighi A P, Pakdel S H, Jafari A. A study of a wind catcher assisted adsorption cooling channel for natural cooling of a 2-storey building[J]. Energy, 2016, 102 (1): 118-138.

[98] Bahadori M N, Mazidi M, Dehghani A R. Experimental investigation of new designs of wind towers[J]. Renewable Energy, 2008, 33 (10): 2273-2281.

[99] Batchelor G. Heat convection and buoyancy effects in fluids[J]. Quarterly Journal of the Royal Meteorological Society, 1954. 80 (345): 339-358.

[100] Khanal R, Lei C, Solar chimney—A passive strategy for natural ventilation[J]. Energy and Buildings, 2011. 43 (8): 1811-1819.

[101] Zhai X Q, Song Z P, Wang R Z. A review for the applications of solar chimneys in buildings[J]. Renewable and Sustainable Energy Reviews, 2011.

[102] Zhou J, Chen Y. A review on applying ventilated double-skin facade to buildings in hot-summer and cold-winter zone in China[J]. Renewable and Sustainable Energy Reviews, 2010, 14 (4): 1321-1328.

[103] Shameri M A, Alghoul M A, Sopian K, et al. Perspectives of double skin faade systems in buildings and energy saving[J]. Renewable and Sustainable Energy Reviews, 2011, 15 (3): 1468-1475.

[104] Saroglou S, Theodosiou T, Givoni B, et al. A study of different envelope scenarios towards low carbon high-rise buildings in the mediterranean climate - can DSF be part of the solution?[J]. Renewable and Sustainable Energy Reviews, 2019, 113: 109237.

[105] Ghaffarianhoseini Ali，Ghaffarianhoseini Amirhosein，Berardi U, et al. Exploring the advantages and challenges of double-skin facades (DSFs)[J]. Renewable and Sustainable Energy Reviews, 2016, 60: 1052-1065.

[106] De Gracia A, Castell A, Navarro L, et al. Numerical modelling of ventilated facades: A review[J]. Renewable and Sustainable Energy Reviews, 2013, 22: 539-549.

[107] Barbosa S, Ip K. Perspectives of double skin facades for naturally ventilated buildings: A review[J]. Renewable and Sustainable Energy Reviews, 2014, 40 (12): 1019-1029.

[108] Stabat P, Caciolo M, Marchio D. Progress on single-sided ventilation techniques for buildings[J]. Advances in Building Energy Research, 2012, 6 (2): 212-241.

[109] Lo L J, Novoselac A. Effect of indoor buoyancy flow on wind-driven cross ventilation[J]. Building Simulation, 2013, 6 (1): 69-79.

[110] Stavridou A D, Prinos P E. Natural ventilation of buildings due to buoyancy assisted by wind: Investigating cross ventilation with computational and laboratory simulation[J]. Building and Environment, 2013, 66: 104-119.

[111] Amori K E, Mohammed S W. Experimental and numerical studies of solar chimney for natural ventilation in Iraq[J]. Energy and Buildings, 2012, 47: 450-457.

[112] Bassiouny R, Koura N S A. An analytical and numerical study of solar chimney use for room natural ventilation[J]. Energy and Buildings, 2008, 40(5): 865-873.

[113] Bassiouny R, Korah N S A. Effect of solar chimney inclination angle on space flow pattern and ventilation rate[J]. Energy and Buildings, 2009, 41(2): 190-196.

[114] Imran A A, Jalil J M, Ahmed S T. Induced flow for ventilation and cooling by a solar chimney[J]. Renewable Energy, 2015, 78: 236-244.

[115] Mathur J, Mathur S, Anupma. Summer-performance of inclined roof solar chimney for natural ventilation[J]. Energy and Buildings, 2006, 38(10): 1156-1163.

[116] Sakonidou E P, Karapantsios T D, Balouktsis A I, et al. Modeling of the optimum tilt of a solar chimney for maximum air flow[J]. Solar Energy, 2008, 82(1): 80-94.

[117] Harris D J, Helwig N. Solar chimney and building ventilation[J]. Applied Energy, 2007, 84(2): 135-146.

[118] Khanal R, Lei C. Flow reversal effects on buoyancy induced air flow in a solar chimney[J]. Solar Energy, 2012, 86(9): 2783-2794.

[119] Lee K H, Strand R K. Enhancement of natural ventilation in buildings using a thermal chimney[J]. Energy and Buildings, 2009, 41(6): 615-621.

[120] Jainanupma M M. Experimental investigations on solar chimney for room ventilation[J]. Solar Energy, 2006, 80(8): 927-935.

[121] Zamora B, Kaiser A S. Optimum wall-to-wall spacing in solar chimney shaped channels in natural convection by numerical investigation[J]. Applied Thermal Engineering, 2009, 29(4): 762-769.

[122] Pappas A, Zhai Z. Numerical investigation on thermal performance and correlations of double skin facade with buoyancy-driven airflow[J]. Energy and Buildings, 2008, 40(4): 466-475.

[123] Rahmani B, Kandar M Z, Rahmani P. How double skin facade's air-gap sizes effect on lowering solar heat gain in tropical climate[J]. World Applied Sciences Journal, 2012, 18(6): 774-778.

[124] Jiru T E, Tao Y X, Haghighat F. Airflow and heat transfer in double skin facades[J]. Energy and Buildings, 2011, 43(10): 2760-2766.

[125] Gratia E, De H A. The most efficient position of shading devices in a double-skin facade[J]. Energy and Buildings, 2007, 39(3): 364-373.

[126] Gratia E, De H A. Greenhouse effect in double-skin facade[J]. Energy and Buildings, 2007, 39(2): 199-211.

[127] Pérez-Grande I, Meseguer J, Alonso G. Influence of glass properties on the performance of double-glazed facades[J]. Applied Thermal Engineering, 2005, 25(17): 3163-3175.

[128] Hong T et al. Assessment of seasonal energy efficiency strategies of a double skin facade in a monsoon climate region[J]. Energies, 2013, 6(9): 4352-4376.

[129] Torres M, Alavedra1 P, Guzmán A, et al. Double skin facades-cavity and exterior openings dimensions for saving energy on mediterranean climate[J]. Building Simulation, 2007: 198-205.

[130] Awbi H B. Ventilation of Buildings[M]. New York: Routledge, 2002.

[131] Mundt E. The Performance of Displacement Ventilation Systems: Experimental and Theoretical Studies[R]. Stockholm: Royal Institute of Technology, 1998.

[132] Cooper P, Linden P. Natural ventilation of an enclosure containing two buoyancy sources[J]. Journal of Fluid Mechanics, 1996, 311: 153-176.

[133] Linden P, Cooper P. Multiple sources of buoyancy in a naturally ventilated enclosure[J]. Journal of Fluid Mechanics, 1996, 311: 177-192.

[134] 赵鸿佐. 室内热对流与通风[M]. 北京: 中国建筑工业出版社, 2010 .

[135] Andersen K T. Theory for natural ventilation by thermal buoyancy in one zone with uniform temperature[J]. Building and Environment, 2003, 38(11): 1281-1289.

[136] Hunt G R, Linden P P. The fluid mechanics of natural ventilation: Displacement ventilation by buoyancy-driven flows assisted by wind[J]. Building and Environment, 1999, 34(6): 707-720.

[137] Gan G. Simulation of buoyancy-driven natural ventilation of buildings: Impact of computational domain[J]. Energy and Buildings, 2010, 42(8): 1290-1300.

[138] Warren P R, Parkins L M. Single-sided ventilation through open window[J]. ASHRAE, 1985(SP): 49.

[139] De G W, Phaff H. Ventilation rates and energy consumption due to open windows: A brief overview of research in the Netherlands[J]. Air infiltration Review, 1982, 4(1): 4-5.

[140] Jiang Y, Alexander D, Jenkins H, et al. Natural ventilation in buildings: measurement in a wind tunnel and numerical simulation with large-eddy simulation[J]. Journal of Wind Engineering and Industrial Aerodynamics, 2003, 91(3): 331-353.

[141] Ai Z T, Mak C M. Wind-induced single-sided natural ventilation in buildings near a long street canyon: CFD evaluation of street configuration and envelope design[J]. Journal of Wind Engineering and Industrial Aerodynamics, 2018, 172: 96-106.

[142] Ai Z T, Mak C M. Analysis of fluctuating characteristics of wind-induced airflow through a single opening using LES modeling and the tracer gas technique[J]. Building and Environment, 2014, 80: 249-258.

[143] Epstein M. Buoyancy-driven exchange flow through small openings in horizontal partitions[J]. Journal of Heat Transfer, 1988, 110(4): 885-893.

[144] Heiselberg P, Li Z. Buoyancy driven natural ventilation through horizontal openings[J]. International Journal of Ventilation, 2009, 8(3): 219-231.

[145] Janssen W D, Blocken B, Hooff T V. Pedestrian wind comfort around buildings: Comparison of wind comfort criteria based on whole-flow field data for a complex case study[J]. Building and Environment, 2013, 59(1): 547-562.

[146] 付祥钊, 肖益民. 建筑节能原理与技术[M]. 重庆: 重庆大学出版社, 2008.

[147] 建筑节能技术[M]. 北京: 中国计划出版社, 1996 .

[148] Tamura Y, Yoshie R. Advanced Environmental Wind Engineering[Z]. 2016, 10. 1007/978-4-431-55912-2.

[149] Hooff T V, Blocken B, Aanen L, et al. Numerical analysis of the performance of a venturi-shaped roof for natural ventilation: Influence of building width[J]. Journal of Wind Engineering and Industrial Aerodynamics, 2012, 104-106(none): 419-427.

第9章 自然通风在民用建筑中的应用分析

通风是暖通设计改善建筑室内空气环境的重要方法之一，是将建筑室内的不符合卫生标准的污浊空气排出，将新鲜空气或经过净化符合卫生要求的空气送入室内，保证室内环境具有良好的空气品质，提供人的生命过程的需氧量，提供适合生活和生产的空气环境。

按照动力的不同，通风方式可分为自然通风和机械通风。因自然通风是不消耗人工能源、经济且稳定的通风方式，作为建筑节能的一项重要技术手段，应予以大力推广和实施。

9.1 自然通风原理

自然通风主要依靠室内外风压或热压的不同来进行室内外空气交换。如果建筑物外墙上的窗孔两侧存在压力差 ΔP，就会有空气流过该窗孔，空气流过窗孔时的阻力就等于 ΔP。

1. 热压作用下的自然通风

热压作用下的自然通风是由于存在室内外温差和进排气口高度差，从而利用空气密度随温度升高而降低的性质形成的。当较重的冷空气从进风口进入室内后，吸收了室内的热量而变成较轻的热空气上升，从建筑物的上部出风口排出室外。

2. 风压作用下的自然通风

室外气流与建筑物相遇时，将发生绕流，经过一段距离后，气流才恢复平行流行。由于建筑物的阻挡，建筑物四周室外气流的压力分布将发生变化，迎风面气流受阻，动压降低，静压增高，侧面和背风面由于产生局部涡流静压降低。和远处未受干扰的气流相比。静压升高，风压为正，称为正压；静压下降，风压为负，称为负压。

3. 风压、热压同时作用下的自然通风

某一建筑物受到风压热压同时作用时，外围护结构上各窗孔的内外压差就等于各窗孔的余压和室外风压之差。

9.2 现有规范及标准

目前尚未有完全针对建筑自然通风的标准规范，但暖通、建筑相关规范中有涉及对建筑自然通风的设计要求。

■ 《民用建筑供暖通风与空气调节设计规范》（GB50736—2012）对建筑朝向、平面布置、外窗形式、进风口、通风开口有效面积、室外气象参数作了要求。

- 《建筑防烟排烟系统技术标准》（GB51251—2017）从防排烟角度对可开启外窗或开口面积做出了要求。
- 《民用建筑设计统一标准》（GB50352—2019）主要强调通风开口有效面积和进出风口的位置。
- 《民用建筑热工设计规范》（GB50176—2016）对建筑朝向、平面布局、建筑进深、进排风口、室内通风路径作出了要求。
- 《住宅设计规范》（GB50096—2011）对室外参数、自然通风开口面积、住宅的平面空间组织、剖面设计、门窗的位置、方向和开启方式的设置提出了要求。
- 《公共建筑节能设计标准》（GB50189—2015）主要强调外窗的有效通风面积和公共建筑中庭的设计。
- 《民用建筑绿色设计规范》（JGJ/T229—2010）中强调建筑物的平面空间组织布局、剖面设计和门窗的设置应有利于组织室内自然通风；外窗的位置、方向和开启方式应合理设计。

根据查看上述规范要求，在进行通风设计时，应优先考虑采用自然通风消除建筑物余热、余湿和进行室内污染物控制。暖通专业提出自然通风要求，建筑专业通过开窗、开洞、设百叶等方式具体实现自然通风。

9.3 自然通风具体设计中的阻碍

由于自然通风对室外自然环境的依赖性较大，以及其需要建筑专业落实特定的实现形式，在实际的民用建筑设计中，自然通风的应用有一定的阻碍。

1. 建筑室外环境的影响

自然通风主要依靠室内外风压或热压的不同来进行室内外空气交换。建筑物的室外气候条件对自然通风的实现影响较大。

《民用建筑供暖通风与空气调节设计规范》（GB50736—2012）中 6.1.3 条提出，对于室外空气污染和噪声污染严重的地区，不宜采用自然通风。雾霾天气、周围环境噪声污染限制了民用建筑自然通风应用的时段。

建筑物周围风向会影响自然通风的实际效果。某些地区的风向一年四季是变化的，很有可能风向的变化与实际设计的理想情况相悖，从而影响自然通风的效果。某些地区一年四季的静风频率很高，当室内外温差较小，进排气口高差较小，热压和风压作用下的通风效果几乎没有。

由于社会是在发展的，当建筑物的周围建筑环境发生变化，例如已建建筑的迎风面被新建建筑遮挡，建筑物四周室外气流的压力分布将发生变化，原设计的自然通风效果将受到影响。

2. 建筑美观要求的影响

自然通风的具体实施需建筑专业通过开窗、开洞、设百叶等方式实现，对外立面的设计影响较大。在实际设计中，民用建筑项目对外立面要求越来越高，外立面形式多数在方案阶段就已敲定，而在方案阶段，建筑、暖通专业还未配合落实自然通风条件。导致在施工图阶段，设计人员对外窗形式的选择较少，外立面的更改异常艰难。

3. 二次装修设计的影响

在实际工程设计中，施工图完成交付后。使用方会根据自我使用需求，对建筑进行二次装修设计。在二次装修设计中，由于功能房间分隔的变化，可能会产生一些内区房间无法自然通风。吊顶的设置也会减少外立面可开启外窗的有效面积，办公建筑、商业建筑的广告牌设定也有可能会影响外立面可开启外窗的有效面积，从而影响原始设计中自然通风途径及效果。

4. 建筑功能的影响

某些建筑、房间对室内环境有一定的洁净要求、温湿度要求，例如手术室、数据机房等，自然通风无法达到其室内环境要求。某些建筑、房间不可避免发散有异味、有害或污染环境的物质，例如公共卫生间、垃圾间、化学实验室等，在排放室内空气前必须采取通风净化措施，通过自然通风较难达到其排放标准。因此上述民用建筑中，自然通风的应用受到一定的限制。

9.4　自然通风具体设计中的优化措施

1. 提高设计意识

建筑、暖通、幕墙等专业均应提高优先应用自然通风的设计意识，并具有一定的设计配合素养，在方案阶段就应把自然通风纳入项目的设计因素，使建筑的总体规划和总平面设计应有利于组织室内自然通风。利用计算流体力学(CFD)方法分析室外风环境，确定更合理的自然通风途径及实现方式。

2. 优化设计思路

在设计自然通风系统时，可增加进排风口高差，通过保温增加室内外空气温差，设置通透风道、太阳房等方式，加强热压作用对自然通风的影响。风向紊乱区，在条件允许的前提下设置导风板或建筑构件等方式，减少风压作用对自然通风的影响。自然通风系统的末端设置应有调节措施，能在自然环境变化时可调整控制、可关闭。自然通风系统应有完善的运行策略，以便后期运行维护人员实施操作，以实现通过自然通风改善室内空气环境的目的。

3. 增加形式的多样性

自然通风的实现形式不能局限在外立面设置可开启外窗、洞口、百叶。开敞中庭、拔风井、通风器以及工业建筑中应用的被动式通风设备均可应用在民用建筑中，通过自然通风改善其室内空气环境，这些形式也减少了对建筑外立面的影响。鼓励行业的设计师及相关设备厂家发明新的被动通风设备，使自然通风在民用建筑中的应用更多样、稳定。

9.5 工程案例及总结

自然通风技术凭借其绿色、节能、环保的独特优势，在许多实际工程中得到了普遍应用。对于不同地区、不同使用功能的建筑物，通常会结合工程实际情况针对性考量、设计不同形式的自然通风系统。

位于重庆市沙坪坝工业园青凤组团的某办公建筑群项目，占地面积 83074m²，主要使用性质为研发办公。因本项目的建筑使用区域多为高大空间，在消防排烟系统的设计上主要考虑利用电动窗进行自然排烟及自然补风，故本项目的通风系统也考虑充分利用电动窗进行自然通风。因自然排烟及自然补风对电动窗的布置高度有一定要求(排烟窗需设置在高处的储烟仓内，补风窗需设置在低处的储烟仓外)，故本项目的自然通风效果相对常规自然通风项目而言，不仅实现了水平方向上的自然对流，在竖向上，通过设置在不同高度的电动窗并结合热压及风压的作用，也实现了竖向上的自然对流。

位于西双版纳傣族自治州景洪工业园区境内嘎栋片区的某酒店项目，占地面积 40.48亩。西双版纳地处热带北部边缘，北有哀牢山、无量山为屏障，阻挡了南下的寒流。夏季受印度洋的西南季风和太平洋东南气流的影响，造成高温多雨、干湿季分明而四季不明显的气候特点，故该项目对自然通风需求较高，且有大进深的地下展览厅，在设计中拟尝试补风器被动式通风系统。捕风器被动式通风系统作为一种新型自然通风，与传统自然通风方式相比，捕风能力强，更加适用于进深大的空间或地下室。研究得出，在夏季持续高温天气下，运用捕风器可以将教室内的平均温度降低 1.5℃，室内最高温度可比室外最高温度低约 3℃。在夏季的夜间，即便是所有门窗紧闭，捕风器被动通风系统依然可以持续为室内输送新风。既可以增强室内空间环境舒适度，又可以阻挡蚊虫进入室内。本项目拟在传统补风器被动式通风系统设计的基础上，合理引用太阳能进行优化设计，把传统捕风器与太阳能光伏电池结合，在捕风器顶部设置朝向为南的 PV 板，将太阳能转化为电能，用于支持系统运行。通过这种方式，捕风器通风量可以大大增加，风速较低的状态下，捕风器工作效率也将随之增加，用于满足室内外高效通风需要。并在捕风器的进风段增设风量调节阀，根据热压的大小自动调节风量调节阀的开度，从而满足不同时段的通风要求。

综上所述，自然通风想要实现改善室内空气环境的作用，需要综合考虑气候资源条件、建筑功能需求、建筑与系统综合设计等多方面因素。在设计流程上，建筑、暖通、幕墙专业应尽早考虑自然通风途径及实现方式；在设计过程中，尽量加强热压作用对自然通风的有利影响以及减少风压作用对自然通风的不利影响；在设计行业中，鼓励设计师及相关设备厂家发明新的被动通风设备，使自然通风在民用建筑中的应用更多样、稳定。

9.6　计算机服务器机房通风空调系统采用直接蒸发冷却技术设计方案

本工程建设地点在四川冕宁县安宁河边,气候冬暖夏凉,具备良好的水资源和小水电资源。计算机服务器机房通风空调系统适合采用直接蒸发冷却技术,在确保机房温、湿度满足工艺要求的前提下,可以节省大量初投资和运行费用。

设计方案:

1. 蒸发冷却空调系统的最佳气流组织

(1)对于送风方式的解释。

气流的作用可以认为是稀释有害物(污染物、热源和湿源),机房内是稀释热源。经过对以往工程实例的实地走访以及相关论文的研究,结合本项目数据机房的规模,确定了"下送上回"为本工程蒸发冷却系统的最佳气流组织。"下送上回"方式是大中型数据中心机房常用的方式,经直接蒸发冷却器降温处理后的低温空气可以迅速冷却设备,利用热力环流能有效利用冷空气冷却效率,因为热空气密度小、轻,它会往上升;冷空气密度大、沉,它会往下降,填补热空气上升留下的空缺,形成气流的循环运动。下送上回风具有有效利用冷源、减少能耗、使机房内整齐和美观、便于设备扩容和移位的优点。

(2)优化空调系统的室外空气采集口位置。

本项目对蒸发冷却空调系统的室外采集口进行了系列优化,在进风口处布置有湿膜填料以及带滤网的百叶。湿膜填料选用植物纤维或玻璃纤维等吸水性较好的材料,湿膜填料外部经冷冻的软化水喷淋,室外新风经过百叶过滤处理后送入湿膜填料与水进行热湿交换,使室外进风温度降低,优化了空调系统的进风空气质量。

2. 合理确定室内空气设计干球温度

通过多次实验对比,合理确定了本项目的室内空气设计干球温度比本地区的传统空气温度舒适区高 1～2℃,同时使室内空气相对湿度在允许范围内取较大值,以合理地降低空调系统的换气次数。

3. 研究蒸发器的最佳迎风面风速及蒸发冷却器的淋水密度

通过实验及优化计算,确定了对于本项目最优的蒸发冷却器的每平方迎风面积宜按 $10000m^3/h$ 设计,直接蒸发冷却器的淋水密度宜按 $6500kg/(m^2 \cdot h)$ 设计。

作者:重庆市设计院有限公司　龚皓玥、高铭